U0160052

BLACK HOLE

How an Idea Abandoned by Newtonians
Hated by Einstein, and Gambled on by Hawking Became Loved

黑洞简史

从史瓦西奇点到引力波
霍金痴迷、爱因斯坦拒绝、
牛顿错过的伟大发现

［美］玛西亚·芭楚莎 ◎著

Marcia Bartusiak

杨泓 孙红贵 ◎译

湖南科学技术出版社

图书在版编目（CIP）数据

黑洞简史 / [美] 玛西亚·芭楚莎著；杨泓，孙红贵译 . -- 长沙：湖南科学技术出版社，2016.9
ISBN 978-7-5357-8985-3

Ⅰ.①黑… Ⅱ.①玛… ②杨… ③孙… Ⅲ.①黑洞－简史 Ⅳ.① P145.8

中国版本图书馆 CIP 数据核字 (2016) 第 172871 号

Black Hole: How an Idea Abandoned by Newtonians, Hated by Einstein, and Gambled on by Hawking Became Loved by Marcia Bartusiak

HEIDONG JIANSHI

黑洞简史

著　　者：[美] 玛西亚·芭楚莎
译　　者：杨　泓　孙红贵
策　　划：中资海派
执行策划：黄　河　桂　林
责任编辑：汤伟武
特约编辑：阮小雁　梁桂芳
出版发行：湖南科学技术出版社
社　　址：长沙市湘雅路276号
　　　　　http://www.hnstp.com
湖南科学技术出版社天猫旗舰店网址：
http://hnkjcbs.tmall.com
印　　刷：深圳市福圣印刷有限公司
厂　　址：深圳市龙华新区大浪街道英泰路联华工业区B栋4楼
邮　　编：523923
版　　次：2020年12月第1版第9次
开　　本：787mm×1092mm　1/16
印　　张：16
字　　数：164000
书　　号：ISBN 978-7-5357-8985-3
定　　价：49.80元

致 中 国 读 者 信

To my readers in China
and fellow friends of
astronomy,
I hope you enjoy this
fascinating history of
the strangest object
in the universe.
My best wishes to you all.

Marcia Bartusiak

致亲爱的中国读者和中国的天文学同侪们：

我的新书讲述了宇宙中最奇异的天体走过的令人着迷的历程，希望你们能喜欢。

向你们致以最美好的祝愿，

玛西亚·芭楚莎

权威推荐

《华尔街日报》

　　你不需要博士文凭，也能享受这本讲述黑洞如何从古怪理论变为必备常识的曲折历程的书……这是一个很美丽的案例研究，叙述了科学观点如何通过灵感、思索以及最终的观察而得以成长。

《华盛顿邮报》

　　《黑洞简史》是一本闪耀着光芒的佳作……这本充满智慧的书最有趣的地方之一，就是看历史上的物理学家们如何各显神通地否认、鄙视黑洞理论，啪啪啪地打脸。

《科克斯书评》

　　这是一本上乘的科学著作，与那些令人生厌的科学人物传记不同，芭楚莎摒弃了乏味的人物事件和让人无法喘息的语言，撰写了这本十分有趣而隽永的书。

《出版商周刊》

芭楚莎对科学理论生动简明的叙述以及对科学家背后人格之深刻洞察，让这本书娱乐性和严谨性兼备。一本难得的佳作。

《新科学家》

爱因斯坦把宇宙彻底弄乱后，又拼命想要在里面寻找某种秩序，这个讽刺的事实并没有困住芭楚莎。这本笔触轻盈、富有趣味性的著作中包含了大量学问。

《科学新闻》

《黑洞简史》非常生动，风趣、幽默的个人风格非常强烈，更清晰地记录了许多大事件背后的科学历程。芭楚莎不愧为一名备受赞誉的科普作家。

《空间评论》

芭楚莎详细地讲述了黑洞兴起的故事……为我们带来一段清晰而完整的历史……从18世纪对质量大到光都无法逃逸的星球的沉思，到今天对真正存在的黑洞的研究，都囊括其中。

《旁观者》

生动有趣……如果你想知道过去一百年里黑洞概念经历了怎样戏剧性的变化，就翻开这本书吧。黑洞从表面上的数学谬误变成了迄今为止我们所知道的最奇怪、奇特的物体。

《科学美国人》

芭楚莎的书追溯了黑洞在科学史上经历的曲折历史……其中包含了很多历史上著名物理学家的趣闻逸事。

《展望杂志》

这是一部分析劈肌分理、解释入木三分的黑洞简史。

《泰晤士高等教育》

生动有趣的作品……绝不用担心阅读时会感到枯燥。芭楚莎出色地记录了人类理解黑洞的曲折历程，从牛顿到爱因斯坦，再到今天我们尝试将引力扩展到量子领域的努力。

《论坛杂志》

若换成别的科普作家来写这个题材，或许要费尽心思才能把它写得有趣一些，但芭楚莎做起来却举重若轻。除了对硬科学外，芭楚莎对科学历史和人物研究也颇下功夫。哪怕患有最严重的科学恐惧症的读者，也能从这本书中得到满意而愉悦的阅读体验。

《经济学人》

芭楚莎以生花妙笔为科学体制本身画像，揭示了它的潜在规范以及塑造其演变路径的人物个性……讲述了一个尚待继续展开的理念的背景故事。

《文学评论》

对一段精彩历史可靠而且可读性很强的记述。

《普通读者》

一本妙笔生花的好书，非常注重历史细节，出人意料地展现了大量记叙详尽的档案资料，精彩绝伦地叙述了黑洞与广义相对论的历史。

《牛津人书评》

《黑洞简史》全面展示了黑洞的发现史和相关科学原理不断发展的过程，玛西亚·芭楚莎以奇异新颖、富有个人特色的风格，阐述了宇宙中最狂暴的天体与事件，强力推荐阅读。

亚当·里斯　2011年诺贝尔物理学奖得主

一本引人入胜，带来烧脑快感的读物……芭楚莎为读者提供了最前沿的视角，让读者观看世界上最出色的科学家们如何挑战宇宙中最奇怪的天体——黑洞。

沃尔特·艾萨克森 《乔布斯传》(*Steve Jobs*)、《本杰明·富兰克林传》(*Benjamin Franklin*) 及《爱因斯坦传》(*Einstein*) 作者

玛西亚·芭楚莎为我们带来了一场奇妙的黑洞之旅，展示了这个概念的美和神秘，以及许多大科学家，包括爱因斯坦和霍金，都为之感受到的好奇或者痴迷。

达娃·索贝尔 《经度》(*Longitude*) 作者

天文学家花费了五十年工夫，将黑洞从一个可笑的概念变成每个星系当中最重要的核心存在，玛西亚·芭楚莎在本书中也完成了同样的壮举。这是一本让人无法抵抗的作品。

雷·贾亚瓦哈纳 《中微子猎人》(*Neutrino Hunters*) 作者

一本迷人而又权威的作品。从概念猜想到无可逃避的现实，黑洞永远是那么不可思议。芭楚莎讲述了一个离奇曲折、充满好奇、智力碾压和孤注一掷的精彩故事。

阿兰·莱特曼 《爱因斯坦的梦》(*Dreams and The Accidental Universe*) 作者

芭楚莎的新书研究透辟，文笔优美，充满对科学事业本质的深刻洞察——黑洞迷会爱死这本书的。

目　录

第1章 | 经典黑洞

引力使光无法逃逸　1

如果没有人类对自然怀有的永远童心——那种强烈的好奇心与探索精神，就不可能有发现并认识黑洞的辉煌旅程。根据牛顿奠定的经典力学，即使是微如草芥的物体都对其他物体有引力作用，质量越大引力就越强。那么，假若一颗恒星的质量足够大，其引力是否会大到连发出的光（粒子）都无法逃逸？既然光无法到达地球，人类又怎能观察到它？……

第2章 | 相对时空

物质告诉时空如何弯曲　17

经典力学在低速情形时如鱼得水、运用自如，但若将其应用于接

近光速的极端情形时，出现了和电磁理论不可调和的巨大矛盾。如何协调两大理论？一位年轻德国学生仅凭单纯的头脑中的思考，便引发了一场理论风暴，从根本上挑战着数百年来根深蒂固的经典力学，颠覆了人类对于时间和空间的普通认知与理解……

第3章　奇异之点

密度无穷大，体积却为零　39

爱因斯坦的广义相对论方程并不精准，史瓦西适时提出的几何模型令爱因斯坦大喜过望，但与此同时，一块奇异的区域显现了——在这里，任何东西，无论是信号、光线还是物质，都无法逃逸，时空在此成为一个无底洞……

第4章　恒星危机

不可避免的引力坍塌　51

白矮星的发现不过是惊人的恒星革命的前奏，一旦电子简并压与来自恒星内部的引力之间的平衡被打破，恒星又将如何演化？年轻的钱德拉计算出了白矮星的质量极限，而一旦超过这个极限，恒星的坍塌将不可阻挡。这种大胆的言论以相当直率的方式抛出，招致一位顶级物理学家的无情嘲讽，一场力量悬殊的对决就此开启。

第 5 章　致密星体
新星大爆发宣告了中子星的诞生　71

利用人类新发现的小小粒子——中子，一对奇特的搭档解释了宇宙中辉煌的新星和超新星大爆发现象，并预见性地提出了中子星的概念。但是，如此致密的星体真的存在吗？中子星理论为何成为黑洞研究的重要转折点？

第 6 章　永久跌落
恒星将会无限制地持续收缩　83

中子星并非致密星体的终结点：一旦超过某一质量，恒星会无限制地坍缩下去。一旦恒星坍缩到足够小，宇宙中再无任何力量可以阻止引力创造出黑洞——恒星将会从时空中消失。这个概念实在太过惊世骇俗，以至于连爱因斯坦都拒绝相信黑洞的存在。

第 7 章　恒星结局

坍缩的结果是形成黑洞　105

物理学家采用先进的计算机和数学技术，终于成功模拟出恒星濒临死亡时向内聚爆的过程，证实坍缩的结果就是形成黑洞。赤裸裸的实验结果，令最初执意要铲除"奇点"这一宇宙怪物的惠勒也不得不完全倒戈，成为黑洞学说的最大拥趸，更由此开启了黑洞研究的黄金时代。

第 8 章　宇宙之音

以崭新的方式发现宇宙　131

一位普通的贝尔实验室职员，无意间听到了来自宇宙深处的声音，这对天文学来说意味着什么？科学家终于找到射电星对应的发光体，甚至获得了其光谱，但却为何难以破解令人费解的光谱背后的语言？类星体能在极小的区域内，喷涌出相当于太阳十亿倍的能量，这种巨大能量的来源究竟是什么？

第9章　唯一类型

对于黑洞精确且唯一的描述　145

一次由相对论学者组织的会议，无意间开启了相对论与天文学的大融合，这将为黑洞研究带来怎样的转机？在这次历史性的会议上，关于黑洞的重大发现未能获得任何关注和影响，反映着天文学家怎样的心理？年轻的物理学家克尔，如何描述具有旋转特性的黑洞？黑洞这个引人入胜的词语是如何登堂入室，化身为庄重天文学术语的？

第10章　黑洞旅行

如果你穿越视界进入黑洞　169

黑洞研究的热潮终于来临，大众对黑洞的热情也终于得以释放。

如果有一款"黑洞垃圾处理器",它的吸尘效果一定无与伦比,因为黑洞会把什么东西都吸得一干二净。但想象一下自己会永远年轻且得到永生,就更是一件神奇的事……会实现吗?呃,在黑洞上,能得到某种程度的实现。

第**11**章 寻找黑洞
局势明朗到足以让霍金低头认输 **177**

黑洞理论已相当成熟,但如何才能找到宇宙中真实存在的黑洞?巧妙借助登月计划,贾科尼发现了宇宙 X 射线放射源,而其辐射体是否一定是黑洞?在宇宙狩猎中,天鹅座 X-1 因何"罪证"被定为"宇宙头号黑洞嫌疑犯"?黑洞,宇宙的终极统治者,在整个宇宙包括银河系中,将怎样肆意妄为?

第**12**章 黑洞本质
不同尺度下的黑洞会有完全不同的特征 **195**

从热力学角度看,贝肯斯坦认为黑洞的熵值不应为零,对此霍金却不愿苟同。而此前关于黑洞的所有描述中,量子力学并未被考虑在内。从原子角度看，黑洞会是什么样子？黑洞的本质究竟是什么？关于黑洞仍有许多疑团，等待着一个"大一统理论"给出终极答案。

黑洞之美

前　言

　　黑洞这个概念是如此诱人，它将探索未知的兴奋感与对潜在危险的恐惧感巧妙结合，令人难以自拔。想象一段接近黑洞边缘的旅程，就好比靠近尼亚加拉大瀑布的悬崖边，注视着眼前近乎垂直、骤然跌落的汹涌湍流，危险近在咫尺，但我们仍能安之若素地欣赏眼前美景，因为我们知道，有坚固的栅栏保护着我们。那么，将视线扩展到整个现实世界中，我们也深知，我们是安全的——谢天谢地，离地球最近的黑洞也远在数百光年之外，所以我们能高枕无忧而不无心跳地间接体验着这暗黑天体带来的神秘刺激感。

　　黑洞是鸡尾酒会上所有天体物理学家都最有可能被问及的天体，理由很简单：它离奇古怪，神秘莫测。正如知名黑洞专家、加州理工学院的理论物理学家基普·索恩所写的："很多人认为，像独角兽和恶魔一样，黑洞似乎更应当出现在科幻小说或古代神话里，而不是真实的宇宙中。"

　　得克萨斯大学天体物理学家 J. 克雷格·惠勒甚至将黑洞称为一种文化意象："几乎所有人都知道黑洞的象征意义：张开血盆大口吞噬一切的怪兽，任何东西都难逃其魔掌。"

　　和人们对"外星人"的看法一样，曾几何时，"黑洞"概念荒诞无稽，纯属奇谈怪论，而现在则家喻户晓。仅是让物理学家接受这个概念，就花费了数十年的时光。像人们喜欢引用的一句格言所说：所有真理的成长都要经历三个阶段，首先是遭到无情的嘲笑，然后是承受激烈的反对，最终被当成理所当然欣然接受。黑洞理论的发展无意间成为这句格言的最好诠释。

　　正是黑洞，迫使天文学家和物理学家们开始认真对待爱因斯坦最令人瞩目的成就——相对论，并将之推上巅峰。而在此之前有那么一段时期，相对论经历了令人绝望的低谷。爱因斯坦曾被《时代》杂志誉为"20 世纪风云人物"，然而，这样的殊荣对于 20 世纪中叶的科学界很难想象。在那个时代，世界上极少有大学开设广义相对论课程，因为物理学家认为广义相对论无法进行实际应用。最优秀、最聪慧的物理学家大多涌向了物理学的其他领域。英国科学家 1919 年在非洲的日全食观测结果成功地证实了爱因斯坦的广义相对论，随即掀起了讨论广义相对论的热潮。但在此之后，这位因之获得极大声誉的理论物理学家关于引力的新见解被大大忽略了。对于低速环境下的日常生活和普通星体的运动，艾萨克·牛顿的引力理论已给出了很好的解释，那么，何必要关注广义相对论对其微不足道的修正呢？这种修正又有什么作用呢？"爱因斯坦的预测对牛顿理论的修正是如此微小，"一位批评家指出，"我不知道为何要因此大惊小怪。"过了一段时间，爱因斯坦完善后的引力理论成为鸡肋似乎已是定局。到 1955 年爱因斯坦去世前，广义相对论研究几乎到了门可罗雀的地步，只有屈指可数的几位物理学家依然为此奋战。在爱因斯坦去世那一年，作为爱因斯坦的亲密老友，诺贝尔物理学奖得主马克斯·玻恩在一次会议上坦承："广义相对论对我来说就像一件精美的艺术品，我只是站在远处，欣赏并艳羡着它的美。"

事实上，爱因斯坦的理论超越其身处的时代几十年，仅仅凭借思索，他便能构建出引力模型，而实际的实验测量只能远远地在后追赶。直到天文学家用先进的科技手段获得了宇宙中令人惊讶的新发现，科学家们才再一次且以更加审慎的态度看待爱因斯坦的引力观。观测者们于1963 年首次发现类星体——在遥远而年轻的星系中心，类星体喷射出相当于太阳辐射万亿倍的能量。类星体距地球非常遥远，而 4 年后，在近得多的太空中，观测人员偶然间发现了第一颗脉冲星——一种快速旋转、发出断断续续的射电哔哔声的恒星。与此同时，卫星搭载的探测器在不同角度上皆探测到来自宇宙的强大的 X 射线流和 γ 射线流。所有这些崭新的、令人眼花缭乱的信号表明，那些坍缩星体，比如中子星和黑洞，其毁灭性的引力和令人晕眩的旋转使其成为无与伦比的宇宙发动机。随着对新天体的监测不断展开，曾经静谧无声的宇宙向人类展开了它生动的一面——这似乎是属于爱因斯坦的宇宙，在相对论之光的照耀下，到处都是巨无霸级的能量源。

天体物理学家终于发现并欣赏到了广义相对论更深层次的美，尤其当他们将其应用于黑洞研究时。获得 1983 年诺贝尔物理学奖的苏布拉马尼扬·钱德拉塞卡说："它们（黑洞）是宇宙中存在的最完美的宏观物体。"黑洞为所有物理学家带来了他们在理论研究中梦寐以求的东西：简洁与优美。"美是真理的光辉。"钱德拉塞卡在诺奖演讲中如是说。

广义相对论研究曾经是一潭死水，如今则风生水起。无论在理论还是实践上，广义相对论大放异彩。黑洞不再是荒诞不经的怪物，而是宇宙的重要组件。在每个发育完全的星系中心，似乎都存在着超大质量的黑洞，而星系的命运很可能就掌握在它们手里。现代观测望远镜已大幅拉近了我们和位于我们银河系中心的那个巨大黑洞的距离，人类很快就能一睹其风采。同时，配备有全新设计的高精尖装置的天文台随时待命，探测宇宙空间中不同黑洞相撞时释放出来的于时空中发出低沉隆隆声的引力波①。曾任美国物理学会主席的约翰·阿奇博尔德·惠勒在他的自传中写道："当我们意识到宇宙有多么奇怪的时候，我们将首次了解它有多么简单。"

从 18 世纪 80 年代诞生关于黑洞的初步猜测，到 20 世纪下半叶大量观测证据的出现证实黑洞的存在，黑洞概念的确立花费了人类两个世纪多的时间。在这期间的大部分时间里，宇宙中存在着这种奇怪天体的想法要么被无情地忽视，要么遭受到强烈的批判。黑洞研究者们永不言弃的坚韧和呐喊才使得科学界最终承认黑洞的存在。

现在看来，物理学界曾经如此顽固，拒不接受黑洞概念的行径着实令人费解。黑洞理论的设想其实相当简单：它有惊人的质量，并且在旋转。在某种程度上，它与电子或夸克这样的基本物质没有区别。然而，物理学家抗拒的也许是黑洞的终极本质：所有物质聚集于一个点内。一颗恒星竟落得如此结局，物理学家们无法接受这样的事实。显然，个中原因更多来自于哲学而非自然科学。有个观念根深蒂固：自然界不会也绝无可能如此疯狂。值得庆幸的是，在过去半个多世纪里，毕竟有一些物理学家，尽管屈指可数，仍然逆流而行，不管黑洞理论在别人看来疯

---

① 2016 年 2 月 11 日，LIGO（激光干涉引力波天文台）科学合作组织的专家向全世界宣布，LIGO 首次直接探测到了引力波。

狂与否，都竭力推动着黑洞研究向前迈进。在广义相对论诞生 100 周年之际，这本书讲述了在接受该理论的过程中那些令人沮丧的、足智多谋的、令人振奋的以及（有时）又是幽默风趣的故事。本书不是关于黑洞的解剖学，也不是天文学或理论物理前沿研究成果的汇展，而是一项辉煌理论精彩无比、意义深刻的发展史。

第①章

经典黑洞
引力使光无法逃逸

如果没有人类对自然怀有的永远童心——那种强烈的好奇心与探索精神，就不可能有发现并认识黑洞的辉煌旅程。根据牛顿奠定的经典力学，即使是微如草芥的物体都对其他物体有引力作用，质量越大引力就越强。那么，假若一颗恒星的质量足够大，其引力是否会大到连发出的光（粒子）都无法逃逸？既然光无法到达地球，人类又怎能观察到它？……

宇宙中最大的发光体或许是不可见的。

——皮埃尔·西蒙·拉普拉斯

苹果树下开启的伟大时代

一切始于艾萨克·牛顿。

不，我还是收回这句话吧！确切地说，与黑洞攀得上关系的研究实际上可以追溯到比牛顿那个时代早得多的时期，你可以说它始于遥远的古代。早在那时，许多头脑机敏的人——那些早已被我们遗忘的那个时代的"牛顿"和"爱因斯坦"们，困惑于人类的双脚为何总是无法长时间脱离地面，似乎长在地上、扎了根似的。即使人类的智慧刚刚萌芽，但仍自然而然地对这个显而易见的问题提出了疑问。

问题的核心在于引力。引力不仅左右着行星围绕太阳的运动，也会令秋天的树叶翩然落向地面。这件事看似理所当然，理解起来却花费了人类几百年的时间。为何物体总是被向下吸引，继而落到地面上呢？两千多年前，亚里士多德等古代先贤们对这个问题有着合情合理的答案：因为我们的星球位于宇宙的正中心，因而所有的一切都自然而然地落向这里——无论是人、马匹，还是车子或者水桶，一切都趋向于这个最"正确"的位置。总而言之，人类稳固地立足于地面之上，这是再自然不过的事。

这个解释听起来近乎完美，也很契合人们对于日常生活的体验，因此在随后一千多年的时间里，人们确信，地球就是宇宙的中心，直至尼古拉·哥白尼的出现。这位波兰传教士戏剧性并且永久性地改变了人们的宇宙观。1543 年，哥白尼大胆断言，地球与其他所有行星一样，都是围绕着太阳运行的。这个说法其实并不新鲜。公元前 3 世纪，古希腊萨摩斯岛的阿利斯塔克就提出过类似观点。不过，从哥白尼开始，日心说才正式确立。从此以后，地球不再享有宇宙中心的尊贵位置，也不再静静地等待着万物如雨点一般地落下来；相反，地球由于受到了某种力量的牵引而围绕着太阳运动——舞台中央的地位已被太阳所占据。这种新的星球排列学说促使欧洲最具才智的科学家们开始重新思考引力规则和行星运动的潜在规律。

挑战在继续。

1600 年，英国物理学家威廉·吉尔伯特提出，地球是一块巨大的磁体。受此启发，德国天文学家约翰尼斯·开普勒猜测，行星的运动依赖于来自太阳的磁力。17 世纪 30 年代的法国哲学家勒内·笛卡尔则独辟蹊径，假设有一种被称为"以太"的稀薄物质弥漫于整个宇宙并形成涡旋，行星如同落叶一般被困于旋转的以太涡流里。

当英国科学家艾萨克·牛顿于 1687 年提出一套更为严谨的引力和行星运动定律后，以上所有观点最终都被推翻。就在这一年，牛

顿出版了奠定其大师地位的《自然哲学的
数学原理》(*Philosophiae Naturalis Principia
Mathematica*),即今天我们所熟知的《原理》
(*The Principia*)。牛顿当时已经 44 岁,但早
在青年时期,万有引力学说就在他脑海中
生根发芽了。

　　这要从 1665 年英王查理二世复辟、伦
敦爆发大瘟疫之时说起。为了躲避瘟疫,
牛顿不得不暂时中断在剑桥大学的学业,
回到位于英格兰东部的乌尔斯索普庄园。
他的童年在这里度过,也正是在这里,这
位聪明绝伦的学生才有可能看到那颗传说
中落在苹果园地面上的苹果,从而启发了

上图　英格兰乌尔斯索普庄
园中那棵著名的苹果树(图
片中部)。传说艾萨克·牛顿
就是在这棵苹果树下看见苹
果落向地面,从而开启了对
万有引力的思考。(资料来源:
美国物理研究所埃米利奥·塞
格雷视觉档案室)

他对物体加速落向地面这一现象的思考。他
自问,使苹果往下坠落的力和使月球围绕着
地球运动的力是否是性质相同的力?作为自
学成才的数学大师,牛顿通过计算得出:在
月球似乎不停地向地球"坠落"的过程中,
其运行轨道变得弯曲,这种弯曲是由于地球
拉拽月球的引力造成的,且引力的大小随着
距离的平方递减。也就是说,两个物体之间的距离每增加一倍,它们
之间的引力会减少到原来的四分之一。当它们之间的距离是原来的三
倍时,引力就只有原来的九分之一了。从数学上说,这是一种迹象,
间接地暗示了引力是均匀地朝着四面八方辐射的。但因为早期的计算

还不够精确，牛顿便把这个问题搁置起来。"他犹豫不定、内心挣扎，"牛顿的传记作者理查德·韦斯特福尔这样写道，"一时被其间的纷繁复杂给困住了。"

这一搁置就是多年，直到 17 世纪 70 年代。当时，英国皇家学会实验管理员罗伯特·胡克提出一系列极具吸引力的假设来阐释引力：所有天体的运动都是引力作用的结果；天体本身也会吸引其他天体；距离越近，天体之间的引力就越大。不过，胡克提出的是一般性假设，尚未加以量化。正如他在自己发表的论文中指出的那样，他不清楚行星的运动是否必然"以圆形、似圆形（即椭圆）或其他更为复杂的曲线为运动轨迹"。在 1679 年进入 1680 年的那个冬天，胡克与牛顿就引力问题互通信件。以此为契机，牛顿对这一青年时期早就思考过的问题重燃兴趣。

尽管牛顿已取得了革命性的成果，却对此秘而不宣。他的自我保护意识极强，担心遭到对手胡克的嫉妒。他害怕自己的研究成果一旦公开，可能会受到一些总喜欢吹毛求疵的人的指责。在给一位同行的信中，牛顿坦言："我羞于将任何可能引起纷争的研究成果公开发表。"《原理》一书能够顺利问世，埃德蒙·哈雷（著名物理学家，哈雷彗星因之命名）功不可没。哈雷曾于 1684 年询问牛顿，一颗遵循平方反比律①的行星会如何运行，牛顿肯定地回答"似圆形"，并声称自己在这方面的计算早到堪称陈年往事了。

从那时起，哈雷成为牛顿最忠实的支持者。哈雷的不断督促和财务上的慷慨支援使牛顿最终答应将他在引力研究方面的成果整理出来。一旦承诺，牛顿再无任何踟蹰。韦斯特福尔注意到，牛顿工作

---

① 指物体或粒子的作用强度随距离的平方而线性衰减，即作用力与距离平方成反比关系。

时常常废寝忘食，这种"兴趣所驱使的忘我与沉迷"远非常人可及。哈雷再次点燃了牛顿对引力研究的热情。牛顿暂停了手头正在进行的研究项目，包括古典数学、神学和炼金术，以他那颇具传奇色彩的专注，投入到这本辉煌巨著的撰写中。利用当时人们测量出的更精确的地球半径等数据，牛顿最终明确证明：地球与月球之间的吸引力遵循平方反比律；也正是这种力，直接导致行星以椭圆形轨道运行。这与开普勒在 1609 年的发现不谋而合。开普勒通过实际观测，得知行星的运行轨道为椭圆形，但并不清楚其原因所在。在开普勒之后几十年，牛顿的数学计算证明，这样的轨道形状正是遵循万有引力定律的自然结果。实际观察与理论工作在此取得了圆满一致。

哈雷彗星的现身说法

出于可理解的原因，牛顿花了近两年的时间完善《原理》一书。受到起初成功的数学计算的激励，牛顿接着尝试利用自己发现的新定律解释更多问题。那些在天文学上长期困扰着人们的一些难题，现在似乎都将迎刃而解。万有引力定律可以解释潮汐现象和地球的进动（由于月球和太阳的牵引造成的地球自转轴的摆动），也可以解释彗星的运动轨迹。牛顿宣称，引力是一种普遍存在于宇宙中的最基本的自然力。这是物理学上一次巨大的飞跃。"普遍"这个词表明，普遍性是引力的重要特征。使苹果往下坠落的力和使月球围绕着地球运动的力是同一种力。"自然是简洁的，"牛顿在他的书中写道，"无需冗长华丽的词语来解释。"因此，头顶浩瀚的苍穹和脚下广阔的大地不再像亚里士多德时代认为的那样，因为在宇宙中的尊卑不同而遵从不同的规律，而是在同一物理规律的支配下运动。引力，即一个物体对另一物体的吸引力，在宇宙的各个层面上，无论是在地球上还是太阳系内，或者恒星与恒星之间、星系和星系群之中，都以类似的方式存在着。

牛顿的万有引力定律成就非凡，但同样遇到了阻力。在许多人看来，它暗含这样的意思：人们毫无察觉的丝带状的万有引力无处不在，无论距离远近，都对大到行星牵引着卫星的运行、小到使石头落到地面上的行为发生着某种影响。不能不说，这带有浓厚的神秘主义色彩。毋宁说是科学，不如说是宗教。批评家们想要的是清清楚楚的物理机制，也就是几百年来自然哲学家们一直寻求的明确答案。引力的工作原理是什么？取代了"磁体"或者"漩涡"的又是什么？面对这样的诘问，牛顿在《原理》中写下这样一段著名的话："我确实未能从自然现象中推断出引力的本质，但也不想做任何虚妄的假设。"与同时代的科学家们不同，牛顿不想放下身段随意猜测，然后变戏法似的将隐藏的宇宙机制抖落出来。从根本上讲，他满足于其他物理学家可以运用他发现的万有引力定律精确计算出行星的运行轨道或者炮弹的运动轨迹。而随着时光的流逝，那些在物理学界原先不支持牛顿的人最终也都改弦更张，倒向了他这一边。最有说服力的应该是宇宙空间的旅行者——哈雷彗星的现身说法。

哈雷于 1682 年观测到一颗彗星。在认真研读了相关记载后，他认为，这颗彗星和前人分别于 1531 年和 1607 年观察到的彗星是同一颗。因为它们有诸多共同点：轨迹特征相同，都绕着太阳运行，且运动方向与其他行星相反，都是间隔 75 或 76 年出现。利用牛顿的万有引力定律，他对这颗彗星的轨道进行了精确计算，随后于 1705 年大胆预测：这颗彗星将于 1758 年底再次出现。事情真会如此吗？在哈

雷去世 16 年、牛顿去世 31 年后，这颗彗星如约出现于地球上空。牛
顿的批评者们随即闭上了嘴巴——面对能够提前半个世纪准确预测
出太阳系事件的理论，谁还敢再喋喋不休呢？虽然仍缺乏一种清晰的
机制，但就在哈雷彗星现身的那一刻，牛顿的万有引力定律奠定了其
难以撼动的地位。

只要是成对出现的恒星，必然彼此靠近

随着万有引力定律的确立，在 18 世纪科学家们的眼中，宇宙
在本质上为人类可知，就像一架结构精密的钟表，随着滴答声不断
运转。许多天文学家开始把大把时间花在办公桌前，只是为了运用
牛顿定律计算行星的运动或者预测潮汐。恒星也随之成为科学家们
用来检测万有引力定律的首选对象。正是在此阶段，黑洞的前身，
即"T 型版"黑洞出现了。当一位名叫约翰·米歇尔的英国人将牛
顿定律应用到最极端的假设中时，存在这样一种奇特天体的可能性
就产生了。

生活在重大科学成果密集涌现的伟大时代，米歇尔涉猎的领
域非常广泛。作为地质学家、天文学家、数学家和理论物理学家，
米歇尔和英国伦敦皇家学会的大人物们，如亨利·卡文迪许、约瑟
夫·普里斯特利等过从甚密，甚至和美国社会活动家本杰明·富兰
克林也有来往（在后者作为外交官两度居住于伦敦时）。就像科学
历史学家罗素·麦柯马科所写的那样，米歇尔是"18 世纪最具创
意的自然哲学家"。例如，他很早就认识到，地球的地层会发生弯曲、
折叠，也会上升和下降。今天的人们如果还记得米歇尔，大多是

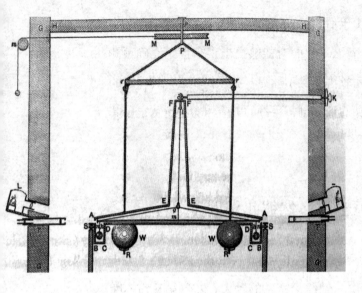

由于他早在 1760 年就提出过，地震的传播是由穿过地壳的弹性地震波完成的。因此，米歇尔被誉为"现代地震学之父"。1755 年，发生于葡萄牙的特大地震几乎将里斯本夷为平地，米歇尔对大地震的各种数据进行了深入分析和比较，成功计算出地震发生的时间、位置和深度，并指出此次大地震的震中位于大西洋西部。

米歇尔曾设计过一台用于测量万有引力常数的精密仪器——可用来"称"地球的扭秤。还未来得及利用该仪器展开实验，米歇尔就去世了，后来这台仪器到了他的朋友卡文迪许手中。经过改装后，卡文迪许成功地利用这台仪器测出了地球的质量。

尽管米歇尔成就非凡，却并不引人注目。他有个恶习——将原创性的真知灼见随便扔在一堆刊登普通研究论文的期刊中（比如磁力的平方反比律就是如此，直到几十年后才被重新发现）。他总是在东拉西扯或者脚注之中，不经意地提及一些伟大的观点。因而长期以来，他并未获得与其成就相匹配的名声。

上图 约翰·米歇尔设计的扭秤。后来由亨利·卡文迪许改装，并于 1797 ~ 1798 年成功测量出地球的质量。（《伦敦皇家学会哲学汇刊》（*Philosophical Transactions of the Royal Society of London*））

早在剑桥大学皇后学院学习期间，米歇尔就已开始从事科学研究了。1742 年，身为圣公会牧师的儿子，17 岁的米歇尔得以顺利进入皇后学院学习，毕业后更是留校任教。一位和他同时代的人这样描述他："个子不高，肤色黝黑，肥胖……他是位受人尊敬的天才发明家，一位杰出的哲学家。"在剑桥大学任教期间，米歇尔做过年轻的伊拉斯谟·达尔文的导师，伊拉斯谟·达尔文是进化论的奠基者查理·达尔文的祖父，他将自己的导师米歇尔誉为"一等星亮度的彗星"。

但到了 1763 年，准备结婚的米歇尔决定放弃教学，转而致力于教会工作。他最终定居于英格兰西约克郡的桑希尔，此后一直在那儿担任牧师，直至 1793 年于 68 岁时去世。在这几十年间，这位牧师继续保持着他对科学的广泛好奇心。米歇尔善于发现有趣的问题，并乐于通过思索寻求答案，当然这些都以其一流的数学能力为根基。当时的大不列颠正值对北美殖民地战争过后的灰暗恢复期，米歇尔这些有趣的思索中，也包括了今天我们称之为"黑洞"的天体。

关于黑洞的想法源于米歇尔的早期预测。当 18 世纪的天文学家用不断改进的望远镜扫视天空时，他们发现了越来越多的成对出现的恒星。那些有识之士达成共识：双星并非两颗星与地球的距离相同，它们只是偶然出现在天空中相邻的位置上，看上去挨得很近，但这只是一种错觉。对于这种看法，有着惊人洞察力的米歇尔绝不认同。他认为，几乎所有成对出现的恒星都是因为相互之间的引力而被拉至靠近的位置的。

一些恒星本就是成对存在的——米歇尔的观点对当时的天文学界来说不可思议。在 1767 年发表的一篇论文中，米歇尔开创性地指出，不管宇宙中大多数恒星是如何排列的，只要是成对出现的恒星，必然彼此靠近。他还通过计算得出，恒星成对出现的概率极高，而"非双星，即两颗单独的恒星，偶然地以看起来靠近的位置出现于天空中的概率极低"，他强调说，"只有数万亿分之一。"像往常一样，他将这个至关重要的计算结果藏在一个脚注里。在进行此类运算时，米歇尔是第一个将统计学作为数学工具应用到天文学领域的人。在天文历史学家迈克尔·霍斯金看来，这篇论文"可能是18世纪恒星天文学领域最有创新性和洞察性的论文"。

与此同时，米歇尔认为，双星现象会为我们了解恒星的许多重要特性带来方便，比如恒星的亮度、质量，以及它们无与伦比的周长，等等。米歇尔预测，与我们的太阳相比，宇宙中的恒星有些更亮，有些更暗。他甚至在论文中不无狡黠地推测：白色恒星要比红色恒星更亮。"那些发出白光的火，才是最亮的。"那么，无论是最初关于双星的观点，还是后来对于恒星亮度的断言，验证其观点的最佳观测对象，无疑正是那些在天幕中围绕着彼此运行的恒星双星。遗憾的是，这些问题并没有引起天文学家的注意。当时几乎所有的天文学家们都忙于发现新行星的卫星或者精确追踪行星的运动。对他们来说，恒星本身并不那么有趣，只不过是方便他们测量太阳系及其组件的华丽背景。太阳、月球和行星，才是他们的主要观测对象。

在如此氛围中，不难想见米歇尔的朋友威廉·赫歇尔是个多么罕见的例外。作为英国伟大的天文学家，赫歇尔的研究范围并不囿于传统的天文工作。根据米歇尔十多年间发表的有关双星的论文，赫歇尔开始记录天空中位置接近的恒星双星，并为它们编目。米歇尔把赫歇尔日益扩展的数据库称为"送给天文学界的最有价值的礼物"。米歇尔本人就从中受益匪浅。在1784年发表的一篇关于双星的论文中，米歇尔进一步发展了自己的观点。这篇论文有个马拉松式的题目：《论发现恒星的距离、量级及光速 c 之方法——由于恒星的光速有减缓现象，所以如果在任何一颗恒星上发现这种减缓时，都应同时监测与此相关的其他数据，为了前述之目的，这些数据非常必要。》正是在这篇论文中，米歇尔暗示了黑洞存在的可能，这可以说是 18 世纪的基于牛顿理论的黑洞存在说。

当时的亨利·卡文迪许，以发现了氢气的收集方法以及氢和水的关系而享有盛名，分别于 1783 年 11 月和 12 月以及次年 1 月，在英国皇家学会的系列会议上宣读了米歇尔的论文。这篇论文当时发表于《伦敦皇家学会哲学汇刊》，占据了长达 23 页的篇幅。米歇尔热忱地参与皇家学会的事务，每年至少有一次从 300 千米外的西约克郡赶到伦敦，参加皇家学会的会议或与学会的朋友们会面。但在这个对他而言非常重要的冬季，这位令人尊敬的牧师却莫名其妙地缺席了皇家学会的会议，选择待在家里。也许是因为健康状况，也许是由

下图　约翰·米歇尔发表于 18 世纪的科学论文。在这篇论文中，米歇尔首次提出基于牛顿理论的黑洞存在说。（《伦敦皇家学会哲学汇刊》（*Philosophical Transactions of the Royal Society of London*)）

VII. *On the Means of discovering the Distance, Magnitude, &c. of the Fixed Stars, in consequence of the Diminution of the Velocity of their Light, in case such a Diminution should be found to take place in any of them, and such other Data should be procured from Observations, as would be farther necessary for that Purpose.* By the Rev. John Michell, *B. D. F. R. S. In a Letter to Henry Cavendish, Esq. F. R. S. and A. S.*

Read November 27, 1783.

DEAR SIR,　　　　　　　　　　　　　　Thornhill, May 26, 1783.

THE method, which I mentioned to you when I was last in London, by which it might perhaps be possible to find the distance, magnitude, and weight of some of the fixed stars, by means of the diminution of the velocity of their light, occurred to me soon after I wrote what is mentioned by Dr. PRIESTLEY in his History of Optics, concerning the diminution of the velocity of light in consequence of the attraction of the sun; but the extreme difficulty, and perhaps impossibility, of procuring the other data necessary for this purpose appeared to me to be such objections against the scheme, when I first thought of it, that I gave it then no farther consideration. As some late observations, however, begin to give us a little more chance of procuring some at least of these data, I thought it would not be amiss, that astronomers should be apprized of the method, I propose (which, as far as I know, has

F 2

于缺少盘缠，也可能是想避开大家闹着让学会主席——植物学家约瑟夫·班克斯下台的尴尬场面，还有可能是因为大家要对他的论文进行初步评定而有意回避。没有人清楚其中的确切原因，但有些科学历史学家推测，米歇尔认为自己论文中的观点只是一种大胆的猜测，所以，他觉得如果由他的亲密朋友、德高望重的卡文迪许来介绍的话，可能更容易为皇家学会所接受。

米歇尔设想的极限情形

米歇尔认为，研究恒星的新方法涉及光的速度。米歇尔指出，如果天文学家密切监测双星系统中两颗恒星在数年之间围绕着彼此的运动，就可以计算出恒星的质量。这是对牛顿的万有引力定律最基本的应用。只要测量出轨道的宽度和两颗恒星彼此绕着轨道运行的时间，就可以估算出恒星的质量。如果一颗恒星的引力影响另外一颗恒星的运动，那么这种引力应该也会影响到光。在那个时代，光被认为是由大量云集的微粒——光子组成的，这主要是因为牛顿全力支持这个观点，而他的意见往往为大家所推崇。

现在假设这些微粒游离了恒星，进入了太空。米歇尔认为，引力会吸引这些微粒。恒星越大，其抓住光的引力也就越强，从而减缓了光的速度。正如他的论文题目所宣称的那样："（恒星的）光速有减缓的现象。"测量一束星光进入望远镜的速度，你就获得了"称"出恒星质量的一种方法。

那么，这正是黑洞存在的可能性之来源：在米歇尔设想的极限情形——当恒星的质量大到一定程度时，"所有的光都会被恒星的引力拖拽回去"。这就像是从喷泉喷射出的水花，达到最大高度后，又回落到水池中去。如果恒星辐射的所有光粒子皆无法继续向外逃逸，恒星将是永远看不见的——在天空中，它只是一个黑暗的斑点。根据米歇尔的计算，一颗与太阳密度相同而直径为太阳 500 倍的恒星，就会转变为黑洞。如果将这颗恒星放置在太阳系中，它那巨大的星体将延伸至火星的轨道范围内。

1796 年，正值法国大革命期间，法国数学家皮埃尔·西蒙·拉普拉斯也独立得出了与米歇尔类似的结论。在他著名的《宇宙体系论》（*Exposition du système du monde*）中，简明扼要地提及了这些"暗星"或"隐星"。这本书本质上是那个时代的宇宙论手册。"与地球密度相同，但直径比太阳大 250 倍的发光恒星，"他写道，"由于它强大的引力，不会允许其发出的任何光线到达我们这里。因此，宇宙中最大的发光体或许是不可见的。"在一个固执的同僚——天文学家冯·扎克男爵的恳求下，3 年以后，拉普拉斯抛出严谨的数学证明支持他最初较为粗线条的表述。拉普拉斯对暗星直径的估计不同于米歇尔，因为他认为，像太阳这样的发光恒星密度更大。

如何"看"见不可见的恒星？

预测永远无法被观察到的天体的存在性——这有意义吗？也许就在人们终于接受了光是一种"波"而非"粒子"时，拉普拉斯的想法改变了。也许他只不过是对此失去了兴趣。因为在《宇宙体系论》再版时，他删掉了有关暗星的论述。而且，在这本书后来的多次再版中，甚至直至拉普拉斯于 1827 年去世，再也没有涉及过这个问题。

相比之下，米歇尔 1784 年发表的那篇论文展现出伟大的独创性。在此文中，米歇尔建议用一个聪明的方法来"看"这种不可见的恒星。他指出，如果一颗暗星围绕着一颗亮星运动，那么其作用于亮星的引力会在亮星的运动轨迹中显现出来。换句话说，由于暗星的拖拽，亮星会随着时间的推移在天空中来回轻摇——这正是如今的天文学家们追踪黑洞的手段之一。

尽管米歇尔和拉普拉斯已经走在了时代的前列，思考了当时的物理学无法给出答案的一些问题，但他们尚未意识到，超大恒星的密度比他们想象的低得多。他们也未曾考虑到，一颗体积更小，密度却非常大的恒星，也同样可能不可见。如果一颗普通的恒星不知何故被压缩进较小的体积内，光逃离其表面所需的速度会明显增加。但那个时代的天文学家们下意识地认为所有星体与太阳和地球的密度都一样。还会有什么东西会比地球上发现的物质密度更大呢？在 18 世纪晚期，这点仍是不可想象的。

米歇尔和拉普拉斯的工作都基于尚不能为大众所接受的万有引力定律和错误的光理论。他们不知道，光在真空里的速度从不减缓。证明此类暗星的存在需要更先进的光理论、引力理论以及物质理论。现代意义上的黑洞并非米歇尔和拉普拉斯认为的巨大而黑暗的恒星，而是时空中存在的真正的"洞"——这个概念要等到 20 世纪最具创造性的自然哲学家阿尔伯特·爱因斯坦方才出现，不过，已经迟到了一个世纪。

第②章

相对时空
物质告诉时空如何弯曲

    经典力学在低速情形时如鱼得水、运用自如，但若将其应用于接近光速的极端情形时，出现了和电磁理论不可调和的巨大矛盾。如何协调两大理论？一位年轻德国学生仅凭单纯的头脑中的思考，便引发了一场理论风暴，从根本上挑战着数百年来根深蒂固的经典力学，颠覆了人类对于时间和空间的普通认知与理解……

牛顿，请原谅我。

——阿尔伯特·爱因斯坦

经典力学与电磁理论不协调？

19 世纪末的物理学家可以骄傲地指出此前物理学界已取得的两大成就：牛顿的经典力学（17 世纪创立）和由苏格兰理论物理学家詹姆斯·克拉克·麦克斯韦于 19 世纪 60 年代创立的电磁理论。在物理学界，上述两大理论中的任何一个，都堪称其所处时代的不朽丰碑。麦克斯韦发现了光的本质，并将其与早已发现的电和磁现象联系起来。他预测了电磁波的存在，其"速度几乎接近光速"。他指出，"似乎我们有充分理由认为，光本身……就是一种波形式的电磁振荡。"而单从其方程组来看，麦克斯韦揭示了一个存在于自然界中的新常数——光速。

牛顿和麦克斯韦的理论精准地预测了随后大量实验的结果，以至于很多人认为，在相关领域几乎没有可供研究的题目了。1874 年，在剑桥大学卡文迪许物理实验室建成仪式上，麦克斯韦发表了讲话，他说："留给科学家们的唯一任务……或许是把这些计算精确到小数点后多少位。"

时间到了 19 世纪 90 年代。一位颇具好奇心的学习物理的德国学生认为，好像有些地方出错了。当他将这两种理论放在一起时，感受到了某种程度的不协调。他的怀疑还涉及许多复杂情形，如：是什么替代了曾经的"以太"，填满了宇宙空间？光又是如何穿透这种物质的？但是，令年轻的阿尔伯特·爱因斯坦困扰的核心问题是，在处理空间和时间上，两大物理学理论似乎并未遵循同一套规则。尽管他当时只是一名学生，却充满了挑战权威的勇气。爱因斯坦肯定地说，把牛顿力学与麦克斯韦电磁学联系起来的主流理论——电动力学，"是不正确的，应该有一种更简洁的表达方式"。他渴望使两大理论彼此协调。

这对爱因斯坦来说并非突发奇想。对这一问题的思考可追溯至他的青少年时期。在爱因斯坦的自传笔记中，他回忆自己曾陷入对类似问题的沉思中：如果一个人以光速移动，会看到什么？会观察到那些像波浪般停滞在面前的电磁波吗？"这样的事似乎不会发生。"他记得自己当时的想法，那时的他大约 16 岁。根据牛顿理论，你可以追得上光，就像一场接力赛中的两个运动员；但根据麦克斯韦的理论，那不一定。科学家试图通过实验测量光在类"以太"的物质中的传播速度，但实验①结果证明，光速始终是恒定的，人根本不可能追上光。

经过几年对这个问题时断时续的思考，爱因斯坦终于找到了解

① 迈克尔逊－莫雷实验证明，光速在不同惯性系和不同方向上都是相同的，由此否认了以太（绝对静止参考系）的存在，从而动摇了经典物理学基础。

决问题的办法。不止于此——并没有涉及深奥的理论，仅仅通过一些最基本的假设，他就解决了问题。1905 年，爱因斯坦发表了那篇后来被称为"狭义相对论"的划时代的论文。这篇论文优美而简练，所有的假设都基于 19 世纪或 20 世纪早期物理学家熟悉的物理学理论。事实上，有些物理学家也在思考着同样的问题，并已十分接近答案，但均无法获得最后的突破。爱因斯坦独具匠心之处在于，他提出了一套全新的时间和空间概念——一切由此豁然开朗，牛顿和麦克斯韦之间的不协调如冰雪般消融了。

狭义相对论认为，对于静止和匀速运动这两种参考系，物理学的所有定律，无论是力学定律还是电磁学定律，都应该是适用的。在学校里学过牛顿物理学的人都知道，我们站在一列以 160 千米 /小时匀速前进的列车上向上抛球，和站在运动场上向上抛球，两球的运动行为是相同的。爱因斯坦希望这种一致性对于电磁学也同样适用。但是，根据电磁学理论，在任何地方，无论是在迅疾前进的列车上，还是静止的运动场上，光的传播行为并无二致——就像已测量到的那样，同样以 299792 千米 / 秒的速度传播。由此可见，在变速环境中，光的速度并没有如牛顿经典力学预期的那样产生叠加。怎么会这样呢？基于此，"（我们）引入另外一个假设……"在 1905年的论文中，爱因斯坦这样写道，"在真空中，光总是以一定的速度传播。光速 c 与发光体的运动状态无关。"

这是一个似乎合理的假设。该假设对于低速情形并无明显影响，只有当相对速度极高时，影响方才显现。让我们做如此设想：一艘宇宙飞船以接近光速的速度飞离地球，那么此时，根据常识你可能会认为，宇航员就像掠过地球的光束那样快速地飞行——如果他们飞得再快一点，甚至能超过一束光；由于他们在快速飞行，光速相对于他们的速度可能会小一些。爱因斯坦也曾如此思考过，然而事实并非如此。就像我们在地球上测量到的一样，飞船上的宇航员测得的光速仍然是 299792 千米 / 秒。

这种情形初看匪夷所思，但是，这不过是惯有的空间和时间观念阻碍了我们的思维。在日常生活中，我们和牛顿以及所有牛顿之前的古代哲学家一样，都认为空间是一个永恒不动的空盒子；在这个包围着我们的固定的空间里，是我们在动，或者不动。

我们也同样认为，有一台宇宙时钟，以相同的方式为宇宙中的所有居民计时。整个世界，从宇宙的一端到另一端，无论身处何地，无论发生何事，所有事件都遵从这个宏大的宇宙计时器。

宇宙飞船上的时间要比地球上的慢？

但是，天才的爱因斯坦意识到事情并非如此。那些快速移动中的宇航员怎么可能像我们在地球上一样，测量到相同的光速呢？但如果我们承认时间不是绝对的话，这个看似矛盾的问题就有望得到合理的解释。时间，好吧，是相对的。"速度"（单位：千米 / 秒，米 / 秒）一词涉及对时间的追踪，宇航员和地球上的人并不享有共同的时间标准。这是爱因斯坦的天才闪光点。因而，牛顿的宇宙时钟归根结底是一个精心雕琢的面具，它掩盖了时间的本质。

既然在真空中没有什么比光的速度更快，那么，在时间问题上，处于不同参考系的两位观察者也就无法达成一致意见。光的既定速度造成两位观察者的手表在时间上不可能完全同步。爱因斯坦发现，被距离和移动分隔开的观察者们对宇宙事件发生的时间意见不一致。

这种不一致还会导致其他后果。随便想想，就知道地球上的人和宇航员不会同意彼此的测量结果。质量、长度和时间都会因测量者的参考系不同而发生变化。从地球上看那艘迅速远去的飞船上的时钟，你会看到它的时间走得比在地球上慢一些。你还会看到宇宙飞船在它的运动方向上缩小了。但是，飞船上的人感觉不到自身和时钟的变化，当他们回过头来看迅速后退中的家园时，会看到地球上的物体同样缩小了；他们还会发现，地球上的时钟变慢了。我们与飞船上的人彼此测量的相对结果是相符的。无论两个观察者是相向运动还是反向运动，都会彼此观察到空间的收缩和时间的放缓。时间和空间在两个参考系里存在差异，而这种差异在彼此各自的环境中，却足以保持光速的相同。一旦宇航员从地球出发，从某种意义上说，就会进入到与地球人不同的、只有自己才能体验到的"小环境"里。我们不再享有相同的世界观，唯一可以达成一致的是光在真空中的速度，这是一个宇宙常数。

摒弃了绝对的时间观，绝对空间的概念也就不需要了。直觉告诉我们，太阳系是静止不动的，是宇宙飞船在某种不动的空间容器中疾驰而去。但这种直觉是错误的，不存在这样的空间实体。事实上，我们也可以认为宇航员没有动，是地球在飞离远去。既然如此，以太概念就纯属"多余"，爱因斯坦写道。他说，有了这个新观点，物理学家不再需要"由某种特殊物质填充的'绝对静止的空间'了"。以太曾经为物理学家提供了独特的参考系，它标志着绝对的、普遍的静止状态。然而，这种飘缈的物质一直都是虚无的。"对我，还有其他很多人而言，这篇论文的激动人心之处不在于它的简练与完整，"物理学家马克斯·玻恩在狭义相对论发表50周年的庆典上说道，"而是对艾萨克·牛顿业已建立的哲学系统、传统的时间与空间观念进行的无畏挑战。"

曾是爱因斯坦老师的数学家赫尔曼·闵可夫斯基，睿智地觉察到爱因斯坦的新理论中更深层的美。基于良好的数学素养，闵可夫斯基意识到，可以用几何模型解释狭义相对论。他指出，爱因斯坦的理论在本质上把时间变成了第四维度，将时间和空间合并为一个单一的实体——时空。我们可以认为时空是一系列堆叠在一起的快照，描摹着空间在秒、分钟、小时等时间单位上的变化。只是现在快照融合在了一起，成为一个连续的整体。从维度上看，时间就像空间的又一个组件。速度被定义为距离除以时间，如果光行走的距离缩短了，时间也必须慢下来，以保持比率不变，这是光速不变的结果。时间和空间，两者不可避免地要联系在一起。闵可夫斯基在1908年发表了著名的演讲："从此，孤立的空间和单纯的时间注定消隐为过去，只有两者的统一体才会走进鲜明的现实。"

闵可夫斯基还机敏地意识到，尽管在不同的情形下，不同的观察者可能对事件发生于何时何地意见不同，但他们会在时空的组合上达成一致。在一个参考系中，一个观察者可以观测到两个事件之间确定的距离和时间间隔；在另一个参考系中，另一个观察者也许会观测到更多的空间或更少的时间；但在这两种情形下，他们会发现，总的时空间隔是相同的。最基本的量不再是单独的空间或单独的时间，而是在长度、宽度、高度和时间所有四个维度上的同时组合。

爱因斯坦不是数学专家，并未立即意识到闵可夫斯基几何模型的价值。当他初次知道闵可夫斯基的想法后，宣称抽象的数学模型是"平庸且多余的学问"。这是因为，对他来说，闵可夫斯基的新颖构想似乎并未在他精心创立的物理学说上增加任何附加价值。但他不久之后就改变了主意。

狭义相对论之所以被称为"狭义"，是有据可查的。它只适用于一种受限制的运动：匀速运动。这个范围相当狭窄。因而创立这个新理论后不久，爱因斯坦决定将其范围扩展到适用于所有类型的运动，包括那些离我们远去的事物的变速运动——无论这种运动是什么类型，是放慢了速度的、扭曲的抑或转向的。爱因斯坦说，与一个更为广义的相对论相比，狭义相对论是"孩子的把戏"。前者将会覆盖其余所有类型的运动，特别是引力引起的加速运动。

狭义相对论发表后，爱因斯坦声名鹊起，令他以前的一些老师们惊叹不已。学生时代的爱因斯坦经常抱怨教授们的课程乏味无聊，这令教授们不悦，也使他很难毕业后在学术界谋得职位。因此，作为一名初级审查员，爱因斯坦在瑞士专利局开始了自己的职业生涯。事实上，他觉得专利局的工作很充实。甚至在回忆中，他认为这7年是他一生中最快乐的时光。在专利局工作期间，爱因斯坦写出了首批重要的论文（包括狭义相对论和一篇关于光电效应的论文，他因后者获得了1921年诺贝尔物理学奖）。有了这些论文的发表，爱因斯坦作为物理学家的地位大幅提升。1909年离开瑞士专利局后，他接受了苏黎世工业大学和布拉格大学的系列聘任。1914年，当爱因斯坦搬迁到柏林，被聘任为颇具声望的柏林大学的教授，并当选为普鲁士科学院院士时，可谓到达职业生涯的顶峰。虽然，那时的生活并不平静——有教学的重任，经历了一段失败的婚姻，还

20 世纪初期的阿尔伯特·爱因斯坦，此时他正致力于广义相对论的研究。（图片来源：美国物理研究所埃米利奥·塞格雷视觉档案室）

如果一个想法在一开始不是荒谬的，那它就是没有希望的。

——阿尔伯特·爱因斯坦

受到第一次世界大战的侵扰，但爱因斯坦仍然开启了一场智慧之战——构建广义相对论。爱因斯坦试图以相对论之光重塑牛顿的引力定律，并致力于解决此过程中遇到的所有问题。这一战就是近十年。

爱因斯坦并没有直奔牛顿的那些方程式，把它们批得体无完肤，这根本不是他的风格。他所做的首先是思考——冥思苦想。爱因斯坦知道，他需要先建立一个能够与我们对周遭世界的感知相匹配的理论框架。他在头脑里上演各式各样的风暴，看看这些想法会导向怎样的结果。"就像一个孩子用各种色彩的积木搭建房子一样，"科学历史学家吉恩·艾森斯塔解释道，"爱因斯坦仅从几套原则入手，将这些概念模块或理论要素以不同的方式互相替换、移动、压缩、整理，就这样，他用这些作为砖块，宏伟的理论大厦便平地而起。"

爱因斯坦首先意识到，匀加速运动时我们感受到的（惯性）力与控制着我们的重力是同一种力，并且性质相同。用物理学术语讲，重力和匀加速运动时的（惯性）力是"等效的"。在地球上被重力向下拉和在一辆加速前进的小汽车上被向后拉没有区别。为了得出这一结论，爱因斯坦想象，在遥远的外太空中有一个没有窗户的房间，如魔法般一直持续向上加速。由于不能通过窗户向外观察，所以房间内的人无法确定自己是否置身于太空之中。由于持续的加速，房间内所有人都会感觉到脚踩在地板上的力。你感觉到自己的体重，可以像在地球上那样轻松而安静地站在房间里。神奇加速的太空电梯和把你固定在原地的地球引力场，两者是等效系统。爱因斯坦认为，物理定律对于两种环境下（太空加速运动中的房间里和地球引力作用下）的人的状态的预测，事实上恰恰一致，这意味着，重力

和加速度（引起的惯性力）在某种方式上是等效的。

为了解决问题，爱因斯坦在头脑中进行无拘无束的想象中的实验，这些实验带来了一些有趣的结果。如果观察在加速运行的太空电梯中的一个人向外扔出的球，球的运动路径就会出现在你面前。当电梯向上移动时，球会在外面划出一条向下的曲线。光束也会如此。但由于加速度（引起的惯性力）和重力有相同的作用，爱因斯坦认为，光也应该受到重力的影响。光在经过一个像太阳这样巨大的引力体时，会被吸引而变弯曲。正是附近的大质量物体，导致光束的路径变得弯曲。

受强大的直觉所驱使，1911 年前后，爱因斯坦沿着这些想法更为急切地前进。那时候，他开始确认钟表会在引力场中慢下来。狭义相对论已经论述过，一个运动中的钟表会走得更慢。现在，爱因斯坦指出，处于引力场中的静止状态的钟表也会变慢。这是物理学家从未想到过的。他说，一个在空荡荡的太空中的钟表会比在地球重力拖拽下的钟表走得快一些。

爱因斯坦也逐渐认识到，他最终的方程式很可能要采用"非欧几里得几何"的方式来表述。这里说的非欧几里得几何不同于小学或初中课本中有基本公理的欧几里得几何。欧几里得几何是由著名的古希腊数学家欧几里得于公元前 3 世纪创立的。在欧几里得几何中，空间是各向同性的，完全平坦的，永恒不变的。但爱因斯坦慢慢意识到，引力会导致空间的弯曲——更准确地说，是时空的弯曲。首次将时空概念引入相对论的人是闵可夫斯基，但爱因斯坦当时轻率地否定了这个说法。再次面对闵可夫斯基对狭义相对论的数学看法以及其创造的"平庸"的四维模型，爱因斯坦最终心生感激和歉疚。如果没有闵可夫斯基的贡献，"广义相对论可能会僵在极其幼稚的状态"。爱因斯坦对自己之前的出言不逊不无懊悔。不幸的是，闵可夫斯基没有听到这句道歉。1909 年，他死于阑尾炎，终年 44 岁。

广义相对论首胜：水星轨道额外进动 43 角秒

到了 1912 年夏天，爱因斯坦终于决定采用适当的数学形式来表述自己的新猜想。由于不懂非欧几里得几何，他请求数学家、大学时代的朋友马塞尔·格罗斯曼帮助自己，以应对这种错综复杂的新型数学。"格罗斯曼，"爱因斯坦刚到老朋友在苏黎世的家时就喊道，"你一定要帮我，否则我会疯的。"爱因斯坦选对了人。正是格罗斯曼向爱因斯坦提议，他的理论最适宜于用一种特殊的几何语言——黎曼几何来表达。这种几何语言最初由德国数学家波恩哈德·黎曼于 19 世纪 50 年代创建，后来由德国和意大利的几何学家进一步发展并完善。爱因斯坦于 1914 年搬迁到柏林后继续自己的研究，并对狭义相对论进行了大刀阔斧的修改和调整。在此期间，他已在研究中采用了格罗斯曼向他推荐的黎曼几何。

爱因斯坦的进展很缓慢。次年，他变得越来越沮丧。他当时的理论还不能准确地解释水星轨道的特殊进动。通过早期对广义相对论的思考，爱因斯坦知道，新的引力理论必须能解释这种进动。

为什么呢？我来解释一下吧。水星是一颗距离太阳大约 5 800 万千米的行星，它围绕着太阳旋转，这和其他所有行星一模一样。然而，行星们的运行轨道并不是完美的圆形（根据开普勒的发现），而是呈椭圆形。考虑到这一点，你可以把行星轨道想象成一个被拉扁的圆环。这个圆环离太阳最近的点被称为"行星的近日点",它会随着时间的推移而发生变化。水星的近日点每百年向前移动 574 角秒(约为轨道周长的 0.04%)。这种微小的进动主要是水星与其他行星互相作用的结果,也就是说,其他行星的引力合力改变了水星原有的轨道,但这个因素只占其中的 531 角秒。其余的 43 角秒(据今天所测量到的)原因不明,天文学家时过多年仍未能揭开其神秘面纱。牛顿定律虽不能解释这个难题,但至少给出了太阳系的结构。水星轨道的特殊进动使得一些人推测,金星可能比先前认为的更重,或者水星有颗微小的卫星。最流行的解决方案是,还有一颗行星比水星更接近太阳,它被称为"火神星"①,是这颗行星的引力对水星的轨道发生了作用。甚至有人报告说,他们观测到了火神星,但没有一例报告是真实可信的。

爱因斯坦试图用广义相对论解释水星轨道那个额外的小引力推动问题,一次性终结一切。他的方程早在 1915 年初就已建立,当时这个方程预测的水星轨道额外进动值是每百年 18 角秒,但后来人们测量到的需要确认的额外进动值是这个值的两倍多。爱因斯坦在沮丧之余,着手复查以前的演算过程。就在那时,他注意到,他与格罗斯曼早先一起推导的一个计算步骤有误。这个有误的算法曾被他们两人放弃,但爱因斯坦考虑重新启用这种算法。他开始修改方程。在修改的过程中,他还发现了早期的另一些错误。多年来的辛苦和烦恼即将结束。

他的主要成就是在 1915 年 11 月取得的。在 11 月的每个星期四,他都会向普鲁士科学院汇报他的研究进展。11 月 11 日,在第二次

---

① 英文名为 Vulcan,来源于罗马神话中火神的名字。

向科学院提交报告后不久，他就取得了突破。在那个星期，他终于成功计算出水星轨道的额外进动值。后来他写信给一个朋友说，看到这个结果，他的心都要跳出来了："我那几天简直欣喜若狂。"这是广义相对论的第一次成功应用，与现实世界实现了完美对接。除此之外，爱因斯坦的新方程还预言，星光经过太阳时会发生偏折，偏折角度是他早些时候计算数值的两倍（相当于牛顿理论所预言的数值的两倍）。由于牛顿理论只考虑了空间，爱因斯坦则明白引力同时影响着空间和时间，因此有加倍的作用。

11月25日，爱因斯坦终于迎来了他的胜利日。就在这一天，他向普鲁士科学院提交并介绍了他题为《引力场方程》（*The Field Equations of Gravitation*）的总结性论文。在这次发言中，他说明了他是如何通过添加一个术语，来完成对狭义相对论的最终完善的。终于，在他的新理论中①，任何参考系都不再特殊②。爱因斯坦真真正正、无可置疑地得出了广义相对论。为期一个月的疯狂计算让他疲惫不堪。不久后，爱因斯坦在给老朋友米歇尔·贝索的信中这样写道："（我）最大胆的梦想现在已经实现。"署名为"你心满意足却精疲力竭的阿尔伯特"。

行星围绕太阳转，其实是陷入太阳制造的时空凹陷？

我们通常把引力想象为推或拉着我们的某种力，但爱因斯坦开

---

① 这里指"时空"。

② 根据广义相对论中"宇宙中一切物质的运动都可以用曲率来描述，引力场实际上就是一个弯曲的时空"的思想，爱因斯坦提出了著名的引力场方程。

辟了一个新思路。他认为，引力不是力，而是顺应时空弯曲的外在表现。从这种观点来看，表面看起来是在引力控制下运动着的物体，实际上只是自然而然地沿着它面前弯曲的时空移动。光之所以会走弯路，是因为它沿着弯曲的时空之路行进。水星离太阳最近，感受到的时空弯曲就更大，这在一定程度上解释了其轨道额外进动的原因。

这些现象的背后机制到底是怎样的呢？在爱因斯坦眼中，空间不再是一个巨大的空旷区域，空间本身就是一个物理实体。空间像是一块看不到尽头的橡胶板，这块板可以以多种方式改变其形态：可以被拉伸或挤压，可以被拉直或变弯，甚至可以收缩成点。所以，一颗和我们的太阳一样巨大的恒星踞坐在这个有弹性的垫子上，会像一颗宇宙保龄球一样，造成一处时空凹陷。物体的质量越大，所创建的时空凹陷就越深。因此，行星围绕着太阳运转，并不像牛顿所说的那样，是被看不见的力所控制，实际上，它们只不过是陷

上图　广义相对论认为，时空就像一块看不到尽头的橡胶板。在这个两维的图景中，像地球这样的物体陷入这块有弹力的、时空弯曲的垫子里，从而产生我们称之为"力"的东西。（图片来源：维基共享资源）

入了由太阳制造出来的时空凹陷里。

对质量小一些的天体来说，情形也是一样的。例如，地球并不是用魔幻般的引力来拉拽卫星，以使其在特定轨道上运行的，相反，是卫星自行沿着一条"笔直的"路线前行。之所以说路线是"笔直的"，是从卫星自己的四维局部参考系来观察的。我们用三维的思维模式不可能构想出四维的时空，但是我们可以用两维的思维模式来试试。

设想一下，两位古代探险家同时从赤道的不同位置出发，向正北方向走去。在他们的意识中，地球是平的。他们既不向东也不向西偏离一步，只是互相平行着向正北方走去。但是当他们听说彼此越走越近时，他们可能会得出这样的结论：是某种神秘的力量把他们推到了一起。然而，只有在上空的太空旅行者才清楚究竟发生了什么。当然，地球表面是弯曲的，所以，这两位探险家仅仅是沿着球面轮廓在前行。在球面空间中，两条原本平行的直线也会交汇，这与在平面空间里不一样。类似的，一颗卫星是在由地球创建的四维时空凹陷里，沿着最直的路线移动。只要一个天体持续存在，其创建的时空凹陷就始终是宇宙景观的一部分。虽然两个物体因相互吸引而有相互靠近的趋势，但我们所认为的引力，可以被描绘成这些凹陷产生的结果。换句话说，在宇宙中，时空和质能是连体婴，一个动了，另外一个也会做出反应。用物理学家约翰·惠勒喜欢说的一句话就是："时空告诉物质如何移动，而物质告诉时空如何弯曲。"

至此，牛顿的空间盒子突然消失了。空间不再像有史以来一直想象的那样，是一个了无生气、空空荡荡的大舞台。爱因斯坦用刚刚引入物理学的一个全新的物理量（时空）告诉我们：一般说来，时空，才是宇宙的实时播放器。回想起这段历程，爱因斯坦在他的自传笔记中写道："牛顿，请原谅我。"

爱因斯坦并不需要道歉，因为他并没有全面颠覆牛顿的万有引力定律。牛顿定律是相对论在低速情形下的近似。利用牛顿定律，完全可以处理地球层面上的普通物理学问题，因为在我们的日常生活中，引力是最微弱的力。你知道吧，一小块磁铁就能轻而易举地战胜地球引力，将一枚回形针吸起来——牛顿理论可以很方便地处理这个环境下的重力问题，感谢牛顿。

爱因斯坦所做的是把万有引力定律扩展到以前无法进入的领域，扩展到引力极为强劲的情况。当引力强劲到会导致物质以接近光速的速度坠落时，牛顿定律就完全无能为力了。当附近有强大的引力场时，广义相对论必须出场。一般来说，这样的环境存在于以引力为主宰的恒星、星系和宇宙世界。

但是，爱因斯坦回答了一个牛顿认为无法回答的问题：引力作用的确切机制。每个物体只是沿着其他物体在时空中造成的凹陷里移动。

爱因斯坦成功地计算出了水星轨道那个微小的不明原因的额外进动，这对他新发明的广义相对论来说不啻为重大胜利，但却不是既成事实。当光线经过像太阳这样质量较大的天体附近时，会不会确实按照他所预测的量变弯呢？这仍需等待实验的确认。当他还处于广义相对论的构建阶段时，也并未忘记光线在引力场中弯曲的问题。1911 年，他建议天文学家采用一个较为具体的方法来确认时空曲率是否存在：在夜晚拍摄某一区域内的数颗恒星，然后将这些照片与日全食期间拍摄到的同一批恒星经过太阳附近时的照片相比对。经过太阳附近时，星光会被引力吸向太阳，所以会变弯一点。如此我们会发现，太阳不在附近时，恒星在天空中的位置与原来太阳在附近时的位置相比，会有一定的偏移。

下图　同一颗恒星在太阳附近和离开太阳时的位置对比图。当它经过太阳附近时，其星光是沿着一条弯曲的路径传播的。但用我们的肉眼追踪星光的话，我们看到的是一条直线。对我们来说，它只是在天空中移了一下位置而已。（图片来源：美国宇航局哥达德太空飞行中心）

曾有3支日全食观测队发起过这种对恒星的测量，但因恶劣的天气，或者欧洲正在进行的战争的影响，均未能获得成功。第4次测量是由美国加州利克天文台的天文学家发起的，因为数据比较出了问题而影响了测量结果，研究结果从未对外公布。这对爱因斯坦来说是一个幸运的间歇期。当时，他用仍在修订中的理论预测了一个较小的不正确的偏角，而利克天文台可疑的测量结果对他来说很不利。

在这种情形下不难理解，几个英国天文学家的身上为何承载了所有人关注的目光。他们宣称，他们将在1919年

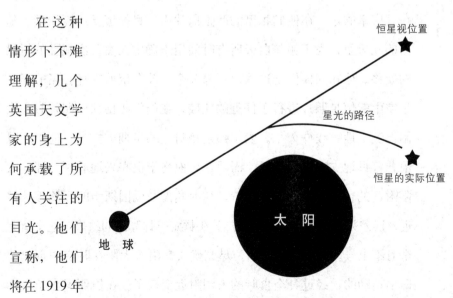

恒星视位置

星光的路径

恒星的实际位置

太　阳

地　球

日全食期间观测恒星的偏移情况。此次日全食的可观测区域在南美洲和非洲中部。在政府的资助下，著名天体物理学家亚瑟·爱丁顿肩负这项重任，带领一支观测队到达了非洲西海岸边的小岛普林西比岛。为了将恶劣天气的影响降至最低，另外两名天文学家到达了巴西北部亚马孙丛林中的小村子索布拉尔。观测队成员们手持望远镜和照相机，都希望能够成功测量到恒星的微小偏移。根据爱因斯坦的计算，一缕星光掠过太阳表面的弯曲角度应该为大约 1.7 角秒（相当于月球宽度的千分之一），这差不多相当于越过一个美式橄榄球场去看球场另一边的一支铅笔芯。

在日全食发生的当天（5 月 29 日），爱丁顿和他的助手们拍摄了 16 张照片，但因受到云层的干扰，大部分照片毫无用处。"我们连瞥一眼（壮丽的日全食）的时间都没有。"爱丁顿这样描述他的探险，"我们的意识中只有奇特的昏暗和大自然的静谧，而那种静谧中穿插着人们的惊呼声和定时节拍器在 302 秒内发出的滴答声。"

庆幸的是，在他们拍摄的两张照片中，目标恒星还算清晰。随后的几天里，爱丁顿将白天所有时间用于确定人类首次测量的恒星的偏移。他和同伴们把这些照片与几个月前在伦敦夜晚拍摄的同一星空中的恒星照片进行了仔细的比较。在伦敦拍摄那些照片时，太阳已沉下地平线许久了。爱丁顿是相对论的早期支持者，他坦承以前曾盲目地支持爱因斯坦，而现在，他终于很高兴地看到，那些太阳附近的恒星确实移动了位置，弯曲角度与爱因斯坦的预测极为接近，误差只有几个百分点。当然，牛顿定律计算出的结果与这个值完全对不上号。这个证据表明，星光确实是沿着太阳在时空中创建的凹陷运动的，经过日全食时的太阳附近变弯了。在巴西索布拉尔的观测队碰上了好天气，拍摄到了更多照片。他们返回英国后，立即对照片上的恒星位置进行了仔细的核查，并证实了爱丁顿的发现。

在 11 月于伦敦召开的英国皇家学会和皇家天文学会的特殊联席会议上，观测结果正式公布。演讲台后面的墙上，悬挂着艾萨克·牛顿的照片。这是首次针对牛顿具有历史影响的万有引力定律的大修改。会议公布的消息迅速传遍了全球。"天上的星光全部跑偏"——《纽约时报》以头条写下如此标题，并报道说："科学家们或多或少都急切地想知道日全食的观测结果……恒星似乎不在它们原来的位置上，或者不在以前计算的那个位置上了，但谁也不需要担心。"

当时的爱因斯坦 40 岁，全球瞩目的他再也无法回到从前的平静。浓密的胡子、杂乱的头发和倦怠的眼睛使他无论走到哪里都会被立即认出来。名人们，无论是总统还是电影明星，都争先恐后地设宴款待这位名字就意味着"天才"的人。

1920 年，在一封给马克斯·玻恩的信中，爱因斯坦把自己比作传说中的古希腊迈达斯王："我变成了那个可以把任何碰到的东西都变成黄金的人。任何事只要与我有关，就会变成大新闻。"对于爱因斯坦这种喜欢思考、渴望在安静的地方潜心研究问题的科学家而言，所有的公众活动都令人头晕目眩。"我确实考虑过逃避，"他继续写道，"现在，我只想买一座小木屋、一艘帆船，在柏林附近的湖边安静地生活。"

第 ③ 章

奇异之点
密度无穷大，体积却为零

　　爱因斯坦的广义相对论方程并不精准，史瓦西适时提出的几何模型令爱因斯坦大喜过望，但与此同时，一块奇异的区域显现了——在这里，任何东西，无论是信号、光线还是物质，都无法逃逸，时空在此成为一个无底洞……

你会发现自己置身于几何仙境中。

——卡尔·史瓦西

让相对论熠熠生辉

爱因斯坦进入了公众的视线，并获得了享誉全球的盛名，其中无可否认的是，1919年英国日全食观测队公布的结果对此起了推波助澜的作用。然而早些时候，广义相对论在学术界已经取得了一项胜利，即广义相对论方程的解决方案。该方程有10个，都是极为复杂的计算公式。爱因斯坦的首批预测是基于太阳引力场的近似值做出的。为了便于计算，他对自己的方程做了一些简化，这样就能估算出水星轨道的进动值和星光经过太阳附近时发生弯曲的偏角值了。但爱因斯坦认为，一个精准而非近似的解决方案，才能在物理学和数学层面上同时解决问题。而这似乎是个难以逾越的巨大障碍。但令他惊喜的是，事情很快就有了转机。

就在爱因斯坦在柏林为普鲁士科学院提交了那场总

卡尔·史瓦西（资料来源：马丁·史瓦西）

数学、物理学、化学及天文学是同向前行的，无所谓谁落在后面，也无所谓谁走在前面并对后者施以援手。而天文学与其他这几门学科的关联最为紧密……数学、物理学、化学和天文学共同构成了一个知识体系，就像希腊文化一样，只能作为一个完美的整体而被理解。

——卡尔·史瓦西

结性报告后不久，事实上是不到一个月，德国天文学家卡尔·史瓦西就找到了第一套全面的解决广义相对论方程问题的方案。他立即把他的发现寄给了爱因斯坦。正如他在后来的报告中指出的那样，他相信他的发现会令"爱因斯坦的计算结果因为更精准而熠熠生辉"。这项杰出的成就的确让爱因斯坦大喜过望，并使科学界开启了向现代"黑洞"概念进发的漫漫历程。

作为注重实际的天文学家和理论物理学家，史瓦西在众多领域都是佼佼者。他的主要贡献在于电动力学、光学、量子理论和恒星天文学等方面。史瓦西是首个在望远镜上以感光板代替人眼的人[①]。他有时会做出极为大胆的猜想。早在爱因斯坦将时空弯曲的概念引入物理学的15年之前，史瓦西就在思考这个问题了：空间是弯曲的，而并不是总是平的。它也许像球体一样向内弯曲，也许像双曲面一样向外弯曲，直至无穷。"我们很好奇，世界究竟会以怎样的方式出现在球体或假球体的几何世界中。"在1900年召开的一次德国天文学家会议上他如是说，"如果你知道，你会发现自己置身于几何仙境中，尽管我们不知道这样的（几何）仙境之美能否在现实的自然界中得以实现。"史瓦西之所以能够如此迅速地抓住爱因斯坦方程的要旨，当然是因为他多年来对这些方程的殷切期待。他一直热切地关注着爱因斯坦广义相对论的研究进展。

作为波茨坦天体物理观测台台长——这个职位只有德国最受人尊敬的天文学家才可以担任，史瓦西试图消除人们对爱因斯坦理论的独特性所持有的任何疑虑。为此，他设计了一个方案，该方案在随后多年中一直是相对论学者经常使用的极具价值的工具。

———————————
① 他曾利用摄影术测量了变星。

史瓦西奇点

史瓦西像所有优秀的数学家那样，首先做的是制定一个体系，以便简化复杂的数学问题。比如，他采用了球面坐标，以便更容易地描绘恒星周围的引力场。那么，这种方法是如何使复杂的问题变得简洁的呢？让我们想象一个可能发生于日常生活中的情景：有一架飞机正在从 5 千米远处环绕着机场上空飞行。如果采用平面网格几何来描绘飞机的运动轨迹，那么可以设飞机飞过的东西向距离为 x 千米，南北向距离为 y 千米，那么飞机可能出现的区域用代数方程可以表述为 $x^2 + y^2 = 5^2$ ——这个方程式相当含混且复杂。但是，如果用不同的几何坐标系来描述，比如带辐射状线条或圆形的图，情形会大不一样。你根本不用理会 x 轴和 y 轴。由于飞机是从距圆心（机场）5 千米的地方飞行，描述其路径的方程式不会比 $r = 5$（r 为半径）更为复杂。从某种意义上讲，史瓦西所要做的事情大抵如此。

但当史瓦西试图把时空中心即恒星所在的位置设为新的坐标系原点时，他陷入了巨大的困境。正如苏格兰天文学家拉尔夫·桑普森当时所说："其结论……是如此令人吃惊，很难相信这与现实有何关系。"为了理解这一困境，你可以想象，像太阳这样的恒星，当其所有物质被挤压于一个非常小的点的内部时会发生什么。史瓦西发现，在这个原点的周围，忽然出现一块区域，任何东西，无论是信号、一丝光线还是一丁点儿物质，都不能从中逃逸。这个区域被称为"史瓦西球体"。由于发生在其内部的事件不会被外部的人所观察到，今天的人们称这个区域的边界为"视界"。而且，不仅仅是一处时空凹陷（那么简单），时空在这种情形下会变成一个无底洞。光和物质可

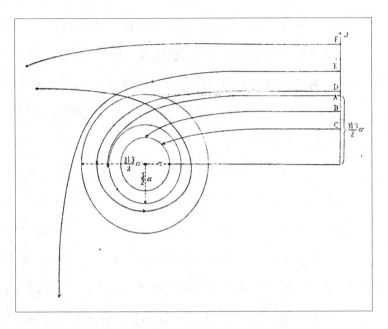

以进入，但永远无法流出。这是一个不可逆之点。光和物质被挤压进一个体积为零、密度无穷大的奇异之点，这就是"奇点"，一个令物理学普通定律完全崩溃的地方。

但这个场景出现得太早了，这是现在的我们对奇点的想象。实际上，当时的史瓦西和其他科学家们并不这么想。他们描绘了这样一种非比寻常的情形：想象物质，比如光粒子，是如何接近史瓦西奇点的。"可以这么说吧，它们被卡住了。"科学历史学家艾森斯塔解释道，"这被视作真实的场景：在那个（球体）旁，所有的轨迹都被终结或者消失得无影无踪了。时间在那儿停止了……（光的）轨迹似乎一直在逼近那个魔球，没完没了，好像消失

上图 1924 年绘制的不同光束接近"史瓦西奇点"（中间那个空心球）示意图。无法逸出的光束在奇点表面消失了，时间在那儿也停止了。（资料来源：马克斯·冯·劳厄）

在球的边缘似的。"也许，它们只不过是堆积在这个魔球的表面上了。这是一个既新奇又怪诞的地方。在他们看来，"史瓦西奇点"（史瓦西球体的另一称呼）颇为令人费解。

45

亚瑟·爱丁顿在他 1926 年出版的《恒星的内部构造》一书中言之凿凿，宣称没有恒星会坍缩成这样一种致密的状态。那么，为什么要去担心呢？他同时异想天开地说："巨大的质量可能造成严重的时空弯曲，封闭了恒星周围的空间，把我们阻挡在了外面（也就是说，不存在史瓦西奇点）。"

这只是其中的一种看法。尽管爱丁顿的描述极富幻想，但当时多数相对论学者确实没有认真地考虑"史瓦西奇点"周围的时空本身已严重弯曲的事实。"他们认为，也许只是空间组件稍微弯曲了，时间有点不合拍而已，但没有人想到，史瓦西的解决方案抛出了一个真实的、完全不同于牛顿视角下的空间。"艾森斯塔解释道。在20 世纪 60 年代，人们期待新的数学观点出现。相对论学者需要有描绘奇点周围整个时空区域的能力。这种庞大而精细的计算，对身处 20 世纪前 20 年的物理学家来说极为艰难。现代科学家把"黑洞"看成是时空中的一个井，但那时的人们尚未意识到这一点。

令一切物理定律崩溃的地方

然而，让我们回到问题本身：用怎样的方式描绘这个非比寻常的区域最恰当呢？史瓦西用的是"不连续"一词，法国和比利时的科学家则用"球体灾难"一词——它的确像是一个重灾区，所有的物理定律在这里都失灵了。对爱丁顿来说，它是魔球；其他人则简单地称之为"边界"或"屏障"。

这种魔球有多大？这取决于它内部的质量大小。假如直径为140 万千米的太阳突然被挤压成一个点，那么这个魔球的直径将小于 6 千米。不过，地球远在 1.5 亿千米之外，不会受到任何影响。甚至，就算太阳真的变成这种小小的魔球了，太阳系的所有行星仍然会像它们近 40 亿年来表现的那样，以同样的方式围绕着太阳旋转。虽然太阳被压缩了，但它对我们施加的引力却是相同的。只不过离魔球越近，其引力增强得越快。

当（恒星的）质量更大，比如相当于 10 个太阳，这样的恒星若被挤压为一个点，情形又会如何呢？答案是，这样的恒星形成的魔球直径约为 60 千米，是太阳魔球的 10 倍。方程表明，魔球的大小（即视界）随着陷入其中的质量增加而逐渐变大。

爱因斯坦并没有在奇点上花费多少精力。他认为，史瓦西天方夜谭般的球体只能表明一点：广义相对论仍不完善。而只要他确立一个能将引力和量子力学统一起来的理论，这样一个危险的事物就将不复存在。他耗尽余生致力于这个理论，但却没有成功。

很多人认为，史瓦西奇点只是虚幻的想象，因为这是在使用了坐标系后方才出现的，因而不具有任何物理意义。还有一些人出于实际的考量，觉得不必杞人忧天。既然从未见过那么小的恒星，为何还要担心视界内部所有那些被挤压的质量呢？他们说，这绝对不会发生，大自然肯定有拯救世界的办法。

史瓦西自己也认为，来自被挤压物质的反推力会在第一时间介入，阻止（恒星）坍塌。爱因斯坦也是这么认为的。他甚至在 1922 年巴黎召开的一次会议上，用一个简单的算式展示了恒星内部的压力是如何阻止恒星发生灾难性坍塌的。除此之外，当时的人们认为，致密物的形态不可能比原子尽可能紧地聚集在一起更为紧密。但史瓦西甚至没有预测到有这种情形的存在。对他而言，巧妙的理论体系已使他获得了解决爱因斯坦广义相对论方程的确切方案，也使他可以轻松地为恒星周围的引力场绘图。这不过是个数学游戏。正如他在报告中所说的，在恒星中心区域有无限压力的问题是"明确存在而在物理学上却毫无意义"的。

考虑到史瓦西完成这个方案时所处的战争环境，你会觉得他的成就尤为令人震惊。在那个时期，第一次世界大战打得正酣，作为一名德国陆军中尉，史瓦西被派往俄国前线，职责是计算远程炮弹的轨迹。在奔赴前线前，他听取了爱因斯坦于1915年11月18日在普鲁士科学院所做的那场报告，相对论已镌刻在他的脑海里。如果说在此之前，史瓦西对爱因斯坦提出的预测能否在天文学上得到印证持审慎态度，那么在爱因斯坦成功地计算出水星近日点的进动时，他无比钦佩地接受了爱因斯坦的理论。到达前线后，史瓦西收到了爱因斯坦最终确立的理论（广义相对论）的复印本，于是迅速写出了两篇相关论文。他在给爱因斯坦的信中写道："如你所知，尽管猛烈的炮火就在附近，但战争还是比较仁慈地惠顾于我，允许我走进你这思想的殿堂。"史瓦西一向以热情和性格爽朗著称（总是喜欢豪饮），即使是在战争期间，也一直保持着这种风范。

1916年1月13日，史瓦西在前线设计的第一个（数学）方案被爱因斯坦在柏林亲自提交给普鲁士科学院。爱因斯坦称其方案妙不可言。"我从未想到，解决这个难题的方案竟可制定得如此简单。"爱因斯坦在给史瓦西的回信中如是说，"特别是采用数学的方式，这一点尤为吸引我。"

不幸的是，史瓦西命运不济，还未来得及得到爱因斯坦更多的赞誉之词就病殁了。在战壕里，他患了天疱疮，这种罕见而致命的自身免疫性疾病侵蚀了他的皮肤。病情加重后，这位著名的天文学家于 1916 年 3 月回到波茨坦，于 5 月 11 日——距他在普鲁士科学院取得学术胜利后仅仅 4 个月就去世了，年仅 42 岁。

襁褓期的黑洞

虽然史瓦西可能没有想到要将他的解决方案应用于现实世界，但其他人考虑过这种可能性。1920 年，爱尔兰戈尔韦大学的物理学家亚历山大·安德森在《哲学杂志》上发表论文，探讨如果太阳被压缩到魔球的宽度小于其原来的半径时会发生什么。这时许多人仍然认为，太阳会通过缓慢的引力收缩而产生能量，所以，会一直收缩下去。安德森写道："终有一天，它会被黑暗所包围，这并不是因为它不再发光，而是它强大的引力场使得光无法透过。"

对引力坍缩能有这样的思考无疑是先见之明，然而却鲜有追随者。因此，当一个例外出现时，就尤为引人注目。英国物理学家奥利弗·洛奇于 1921 年提出，一颗足够致密的恒星产生的引力会阻止光从中逃逸。他指出，如果太阳被挤压到一个半径约为 3 千米的球内，这样的球将具有如上所述的性质。"但是，"他总结道，"这种程度的收缩超出了理性认可的范围。"

尽管洛奇很怀疑单独一颗恒星会自行塑造其本身，但他大胆猜想，大量的宇宙物质聚集时可能会发生吞光效应。"一个星系，比如说一片超旋涡星云，如果总质量为太阳的 10^{16} 倍……半径为 1000 光年……而光也无法从中逃逸，那么这样一种物质的聚集状态看来就不是完全不可能的了。"洛奇是对的。他粗略预测的超大质量黑洞，在多数星系的中心都可以找到。

　　但所有这些猜测都不知所终，在后来的20年中没有人再去研究它们。黑洞概念，或者更确切地说，早期的一些类似想法，仍然处于襁褓期。而后来，人们在星空中发现了一种奇异的恒星——新星，这推动了黑洞概念的发展。而新星的存在，是任何天文学家都未曾预料过的。

第 **4** 章

恒星危机
不可避免的引力坍塌

　　白矮星的发现不过是惊人的恒星革命的前奏，一旦电子简并压与来自恒星内部的引力之间的平衡被打破，恒星又将如何演化？年轻的钱德拉计算出了白矮星的质量极限，而一旦超过这个极限，恒星的坍塌将不可阻挡。这种大胆的言论以相当直率的方式抛出，招致一位顶级物理学家的无情嘲讽，一场力量悬殊的对决就此开启。

必定会有一条自然定律来阻止恒星的这种荒唐行为！

——亚瑟·爱丁顿

天狼星的摇晃

　　"史瓦西奇点"这个词语首次出现时，人们将其视为奇闻怪谈，没有人真的料想到，有朝一日它会从科技期刊里跑出来，成为活生生的现实。但是 20 世纪早期，天文学上一系列令人震惊的新发现迫使那些保守的理论物理学家不得不永久性地改变他们的态度。此处最值得一提的是，那颗围绕着夜空中用肉眼能看到的最亮的恒星——天狼星而慢慢旋转的暗星①。天狼星位于大犬座，长期被人们称为"犬星"。

　　天狼星及其伴星的发现历程开端于 19 世纪的普鲁士。弗里德里希·威廉·贝塞尔任普鲁士柯尼斯堡天文台台长时，为方位天文学制定了新标准。1838 年，这位

---

① 在这个双星系中，这颗伴星一般被人们称为天狼星 B，是人们发现的第一颗白矮星。

天文台台长因首次直接测量出恒星的距离而获得了巨大的声望。在当时，这项任务可谓是天文学上最大的挑战。之后，贝塞尔将注意力转向了恒星的运动。

贝塞尔多年来一直从事老星表的修订工作，为了追踪天狼星和南河三是如何随着时间的流逝在星空中移动的，他亲自进行了一些天文测量工作。到了 1844 年，他已掌握了相当多的数据。他宣称，天狼星和南河三的运动并非如人们想象的那般平稳，而是呈现明显的轻微摇晃——类似波浪式的起伏运动。凭借其非凡的智慧，贝塞尔大胆断言：这种晃动是由围绕着它们旋转的看不见的天体引起的；暗星之于亮星，就像一位时时紧拽着母亲裙裾的小男孩。根据他的估计，天狼星的暗星围绕着亮星旋转一周的时间约为 50 年。

这一发现显然令贝塞尔兴奋不已。他在给英国皇家天文学会的信中这样写道："这个发现……对整个实用天文学意义重大，我认为值得大家关注。"

确实有天文学家关注了此事。一些人试图通过望远镜辨认天狼星的伴星，但不巧的是，在贝塞尔报告他的发现时，天狼星 B（作为一颗小体积的伴星而逐渐被人们所熟识）正位于和闪亮的天狼星 A 最近的位置（从地球观测者的角度），光度本就微弱的天狼星 B 很难被人们观测到。在随后的数年中，也无人能成功地找到这颗最亮恒星的伴星。

到 1862 年 1 月 31 日，一切都变了。这天晚上，在美国马萨诸塞州的剑桥港，高端望远镜制造商阿尔文·克拉克和他的小儿子阿尔文·格雷厄姆·克拉克，正在测试他们为密西西比大学设计的新型折射式望远镜，这款望远镜将成为当时世界上最大的折射式望远镜。他们需要通过观测那些著名的恒星，对 18.5 英寸的镜头进行色彩测试。在此过程中，小克拉克发现天狼星身边有一颗昏暗的伴星，正发出极为暗淡的光芒。

这项重大发现当时可能并未被记录在案，但幸运的是，老克拉克是一位狂热的双星观测爱好者，也许是他鼓励儿子到附近的哈佛大学天文台报告了这一发现。科学历史学家芭芭拉·威尔瑟则说，事实上，这一发现并不像一些书籍上所讲的那样是一次意外，而是在寻找天狼星的伴星方面，"老克拉克和哈佛大学早有接触"。

不管事情的真相如何，哈佛大学天文台台长乔治·邦德一周后证实了这一发现。他很快就完成了两篇论文，其中一篇寄给一家德国天文杂志，对新发现只作了寥寥数语的简单介绍，另一篇寄给了《美国科学杂志》，在其中作了极为详细的汇报。在第二篇论文中，邦德提出了他脑中萦绕不去的问题："它持续可见——正是这颗迄今为止被认为不可见的天体引起了天狼星的晃动，无论这是否能够得到证明。"新发现的这颗恒星出现的位置似乎恰好可以用来解释天狼星波浪式起伏的方向，但其亮度极为微弱。事实上，恒星如此昏暗在当时看来是质量太小的表现，而小质量的恒星可能不足以引起附近恒星的晃动。这是天狼星 B 首次遭遇到的独特问题。

由于发现了天狼星暗淡的伴星，阿尔文·格雷厄姆·克拉克于 1862 年获得了由法国科学院颁发的具有声望的拉朗德奖。全球范围内的天文学家们通过持续多年对天狼星及其伴星轨道的观测，最终判定：尽管这颗伴星发出的光还不足我们太阳的百分之一，但其力量巨大到足以拉动天狼星 A（相当于整个太阳的质量）。没有人立即对这种不一致性表示质疑。人们只是耸耸肩，认为天狼星 B 不过是颗类似太阳的恒星，而且正在逐渐冷却下来，即将走到生命的尽头。

此时此刻，还没有人获得天狼星 B 的恒星光谱。也就是说，获取来自那颗微小球体微弱光线的光谱图。由于这个双星系统中主星的亮度太高，这项任务很难完成。直到最终取得其光谱时，天文学家才推测出，天狼星 B 也像其他暗星或较冷的星一样，是黄色的或红色的。这是因为在天文学界有一条公认的规则：恒星越热就越明亮；最亮的恒星呈白色、蓝白色或蓝色。

但是在 1910 年，普林斯顿大学的天文学家亨利·诺利斯·罗素的发现让人们对这条规则产生了怀疑。波江座 40 ① 有一颗昏暗的伴星，人类于 1783 年就知道这颗伴星的存在了。而在哈佛大学天文台对其拍摄的一张照片底片上，罗素发现，它被贴上了写有 "蓝白色" 字样的标签。罗素马上质疑这张标签是否正确，但在 1914 年，沃尔特·亚当斯在美国加州的威尔逊山天文台证实了这颗伴星光谱的正确性。一颗恒星怎么会既是白热的又是昏暗的呢？ "我非常惊愕。" 罗素回忆道，"我真的很困惑，想要弄清楚这到底意味着什么。" 到了 1915 年，亚当斯确认，天狼星的伴星也同样显示出一颗炽热的呈蓝白色恒星才具有的光谱特性，有高达 25000 开尔文的绝对温度，比我们的太阳还要热很多。为何天狼星伴星不像我们仅用肉眼就能看到的天狼星一样明亮？火一般的白色恒星，怎么会只有如此微弱的光辐射呢？相对于太阳，这颗恒星的质量相差无几，亮度却只能达到太阳的四百分之一。

---

① 又称为波江座 o，是一颗三合星系统。

很快，理论物理学家们，包括爱沙尼亚的恩斯特·奥皮克和英国天体物理学家亚瑟·爱丁顿，解释了这种现象的原因。如果一颗恒星是白色的，其温度又比我们的太阳还高的话，它在其表面每平方厘米一定会释放更多的光。但天狼星 B 发出的光太微弱了，所以，这只能意味着，它的表面积比太阳小。换句话说，它密度更大，体积更小。事实上，它仅比地球大一点点。（奥皮克计算该星的密度是太阳的 25000 倍左右。这个结果令人震惊，他起初宣称这是"不可能的结果"。）这样的恒星后来被称为"白矮星"。

上图　亚瑟·爱丁顿（资料来源：美国物理研究所埃米利奥·塞格雷视觉档案室）

与太阳质量一样大的恒星被压缩进如此小的体积内，天文学家和物理学家都无法解释，恒星是如何在这个令人难以置信的压缩状态中保持稳定的。在那个时代，物理学家仍无法解释这样的致密体如何得以持续存在。正如爱丁顿后来略带淘气地说："天狼星伴星发向地球的信息被解码后是这样的：'我是由密度比你们见过的任何东西还大 3000 倍的材料构成的。我身上抠下来的一点点东西就可以重一吨，你可以放进火柴盒里。'

对此，人们会有怎样的反应呢？大多数人的回答会是：'闭嘴！别胡说八道！'"

最终，这个谜题的解开归功于 20 世纪 20 年代迅猛发展的量子力学。1926 年，英国理论物理学家拉尔夫·福勒指出，与整个太阳质量一样大的恒星之所以能够被压缩进地球大小的空间里，从而产生宇宙中密度最大的物质，是因为在致密的白矮星内部，压力变得极大，所有的原子核就像一大批小弹珠一样，被尽可能地挤进最小的体积内。原子内的大部分空间是空的。（如果一个原子被放大到一个足球场大小，原子核看起来就像是 50 码线上的一粒豌豆，周围的电子在最远的座位周围快速运动，发出嗡嗡声。）但在白矮星内部，所有这些剩余空间都大幅度减少。与此同时，其自由电子产生了内部能量和压力，防止原子进一步坍塌。具有不相容性的电子摩肩接踵，挤在一起（由沃尔夫冈·泡利制定的一条量子力学定律，禁止电子合并），阻止体积进一步缩小。白矮星持续稳定的关键是由极高密度和快速移动的电子产生的令人难以置信的巨大斥力，这种斥力被称为简并压，可以防止恒星进一步坍缩。这种压力要比在太阳中心的压力高出 100 万倍。量子力学出现之前，这种压力是不可想象的。

白矮星的超密态物质在地球上是不可能聚集的，只有当恒星处于极端环境时，才有可能生成。天文学家后来了解到，这种致密星体是太阳这样的中等质量恒星演化的终极阶段。白矮星是恒星内部燃料消耗殆尽后残留下来的发光星核，核心以外的气态物质都被抛离恒星本体，进入太空，成为星云。这也将是我们的太阳在大约 50 亿年后的宿命。在逐渐释放完过去燃烧遗留的能量后，白矮星会像一堆灰烬，最终慢慢冷却，并慢慢死去[①]。

极为致密的白矮星的发现原来不过是一场惊人的恒星革命的前奏。到了 20 世纪 30 年代，在运用相对论和量子力学的新定律时，理论物理学家震惊（且困扰）地发现，如果垂死的恒星质量足够大，就有可能面临比变成白矮星更加不可思议的命运。发现白矮星并理解其物理特性，开启了人类对于宇宙的全新研究。

1930 年夏天，正值全球经济大萧条时期，宇宙研究的大戏即将上演，大幕徐徐开启了。这与一次从印度出发的 18 天海上之旅有关。旅行者是一位 19 岁的高贵青年，名叫苏布拉马尼扬·钱德拉塞卡，简称钱德拉。钱德拉获得了剑桥大学奖学金，正计划前往剑桥大学读研究生，导师是拉尔夫·福勒。钱德拉需要先乘船，然后转乘火车前往。在印度的马德拉斯大学学习期间，钱德拉就十分着迷于白矮星的物理特性研究。在这次漫长的海上旅行中，他又开始钻研起这个问题。

福勒不久前向人们展示了，在一颗密度为一吨每立方厘米的致密星体上，被挤压得很紧的电子所产生的压力是如何使致密星体保持完好无损的。但这能够永远持续下去吗？钱德拉自问。他又接着问自己：如果是一颗质量更大的白矮星，又将如何？在轮船通过苏伊士运河驶入地中海的漫长航程中，钱德拉有充裕的时间慢慢思索。他突然间顿悟，意识到当白矮星的质量越来越大时，在致密星体的内部，电子移动的速度会越来越快，甚至接近光速。这意味着有必要运用相对论的规则来解释恒星的行为。这是福勒还没有做的事情。

---

① 也有人认为，年老的白矮星最终会停止辐射，变成一个比钻石还要硬的巨大晶体，这就是黑矮星。

苏布拉马尼扬·钱德拉塞卡，摄于 1934 年在剑桥大学就读时。
（资料来源：美国物理研究所埃米利奥·塞格雷视觉档案室）

世界就是这样终结的，不是伴着巨响，而是伴着呜咽。

——苏布拉马尼扬·钱德拉塞卡

白矮星的质量上限为 1.4 个太阳?

尽管此时的钱德拉只是一名本科生,但他已对量子力学和相对论非常熟悉。他在轮船上完成了计算,得出的结论令自己大吃一惊:白矮星的质量有一个最大上限——残留的星核要小于 1.4 倍太阳质量。钱德拉熟读科学文献,而且碰巧的是,他读过一些相关的重要书籍,而且将其中三本带上了船,以便自己随时翻阅。总之,在船上,他得出了这个结论。"过程其实很简单。一切都是基础计算,任何人都可以做到。"钱德拉后来于 1971 年谦逊地回忆道。如果白矮星的质量超过他计算的极限,就有可能无法对抗自身的引力。在这个临界点上,会发生什么? 这是一片完全未知的领域。质量更大的白矮星到底会如何演化,钱德拉没有头绪。"我不知道这样的白矮星将如何收场。"回想起那个发现的时刻,他补充说道。一到达英国,钱德拉即刻着手起草论文。

福勒将钱德拉在开始海上旅行前写的一篇关于白矮星的论文寄给了《哲学杂志》,却把钱德拉后一篇采用相对论解决方案的论文送给另一位专家评审。等待数月后仍未收到反馈意见,年轻的钱德拉觉得论文不太可能在英国发表,有些失望,就自作主张,把论文寄到了美国。后来,这篇论义以《理想白矮星质量的最大值》为题,发表于 1931 年的《天体物理学》杂志上。

这篇论文相当简明,差点被拒刊。一位审阅人起初怀疑钱德拉的一个方程是错误的,直至钱德拉提供了详细的证明过程。"我对他的方程吹毛求疵,这是错误的,我很抱歉。"这位审阅人对编辑说,"但在当时的我看来,这个方程如果是对的,事情就会极不寻常。

在第一瞥中，我可没指望有什么重大发现。"

当钱德拉最初开始计算时，并不知道还有其他人，像英国的爱德蒙·斯通纳和爱沙尼亚的威廉·安德森，已经在早些时候发表过关于白矮星密度上限的估计值。他们认为，白矮星中的原子排列已尽可能地紧密了。但钱德拉采用的恒星模型更为复杂，最后得出的结论也更强而有力（并且更不易理解）。他的方程说明，如果白矮星的质量超过他计算出的那个阈值，就会面临全面的坍塌，其密度将趋于无穷大（他认为这是一个"无法使人信服"的结果）。

超过钱德拉塞卡极限又如何？

毫不奇怪，并不是钱德拉一个人在进行这项探索。恒星或者白矮星的质量问题悬而未决，这个时期的天体物理学家已开始分析恒星的内部结构，思考它们是如何被驱动的，又是如何形成的等问题。数百年来，天文学家已经完全可以追踪恒星的位置和运动，现在他们想"啪"地一下打开恒星（理论上），找出它们运行的原理。当身处英国的钱德拉对白矮星进行深入思考的时候，卓越的理论物理学家列夫·朗道在苏联也做着类似的事情。通过思考恒星的内部结构，朗道认为，在他的专业核物理学上，可能会有一些惊人的新发现。在建立起一个将恒星作为一团冷物质的简化的模型后，他于1931年得出结论：如果恒星的质量是太阳的1.5倍，"整个量子理论再也找不出阻止恒星坍缩为一个点的方法"。但他同时又认为，这个结论显然是"荒谬"的。他知道，当然有更大质量恒星的存在。如何解释这个显而易见的矛盾？为了回答这个问题，朗道认为，应该按照丹麦原子物理学家尼尔斯·玻尔之前提出的想法来看待恒星核心内部的问题，而不是采用原来的物理定律。用朗道的话来说，就是恒星的内核是"反常"区。由于物质变得如此致密，会形成"一个巨大的核"。这种看法颇具预见性，给即将到来的宇宙革命以重要的启示。

与此同时，钱德拉也在继续探寻白矮星的命运之谜。但愈往前走，他愈是困惑。在1932年发表的一篇论文中，他表达了这样的困惑。为了避免被英国人拒绝，他把论文发表在一家德国杂志上。文章的结尾这样写道："我们可以得出这样的结论——如果我们不能回答一个根本性的问题，在恒星结构分析上就不可能取得更大的进步。这个问题就是，在一个包含电子和原子核（总电荷为零）的区域内，假设我们持续地压缩物质，会发生什么？"事实上，他是指，恒星会发生什么？钱德拉把最后这句话用斜体表示，很可能是试图引起天体物理学家的注意，因为当时的天体物理学家对此根本不感兴趣。英国天体物理学三巨头——亚瑟·爱丁顿、詹姆斯·吉恩斯和爱德华·米尔恩，都忙于在会议上对恒星内部结构及组成的问题争论不休，因而无暇顾及一个无足轻重的研究生的论文。只在一个问题上三巨头看法一致，那就是：恒星永远不会坍缩为一个点。

在钱德拉1932年发表论文后的一段时间里，他的注意力转移到了别的天体物理学问题和旅行上。在获得博士学位并当选为剑桥大学三一学院研究员后，钱德拉重新回到了这个问题上。"有必要强调整项研究的一大成果，"他在1934年写道，"必须建立并接受这样的观念——小质量恒星的演化过程和大质量恒星一定有本质上的不同。"对小质量恒星来说，自然的白矮星阶段是它们走向完全熄灭这一过程的初始。大质量恒星……不可能进入白矮星阶段，余下的工作是推测它们的其他演化可能。"换句话说，小质量恒星一定会以白矮星的方式走向终结，但对内核质量超过最大限度的大质量恒星，等待着它们的命运又将如何？究竟会发生什么？

钱德拉的头脑中曾涌现过这样的念头：自己的发现可能会开辟出一片物理学的新天地。"但我打消了这个念头……"他说，"我不愿意得出这个结论。"剑桥大学声名显赫者众多，作为一个外国人，他在那里难以找到归属感。"在我看来，有……太多人从事着无比重要的工作，相比之下，我所做的微不足道。我当时顾虑重重。"他回忆道。

然而钱德拉并未对这个问题放手，尽管他一如既往地默默无闻。在访问苏联期间，他意识到，如果没有一个很好的范例来佐证，即一颗从未超过关键的质量极限的恒星，经过一系列质量和属性的变化而演变成白矮星这样的事实，天文学家就不会相信他的质量极限说。钱德拉决意接受这一挑战。他用一台笨重的台式计算器，为每颗恒星做复杂的微分方程计算。最终，钱德拉于 1935 年 1 月 1 日完成了一篇 18 页的论文，里面充斥着各种计算。他把论文寄给了《皇家天文学会月刊》。文中有一张图表，生动地向世人展示了惊人的结论：质量越大的白矮星体积越小，直至半径接近零；超过一定质量后，白矮星将坍缩成某种近似不存在的状态。钱德拉早期的研究基于近似值，而这一次，他采用了精确值。

实现这一成果的过程是对钱德拉的脑力和体力的双重榨取。在长达几个月的时间内，他废寝忘食，通宵工作。在他不久后写给哥哥巴拉科瑞斯南的信中有这样的话："被恒星内部的谜题围堵，被难解的微分方程虐待，被大量繁杂的运算施以重拳，饱受无人理睬的煎熬，被急欲赶在新年之前完成的想法弄得心慌意乱……最终，我体验到的并非刚开始潜入大自然深处时渴望得到的欢欣，而是焦头烂额、七窍生烟、失意和困顿。"

好一个"星级玩笑"

他得出的结论极为直率。"当核心密度足够大时……"，钱德拉写道，"（恒星）会坍缩到半径非常小，小到在天体物理学上没有任何实际意义。"人们未料到恒星会演化为如此结局。亚瑟·爱丁顿对这样的结论非常不悦，在1935年1月11日于伦敦召开的皇家天文学会会议上，当讨论到钱德拉恒星剧烈坍缩的观点时，爱丁顿发表了他那声名狼藉的宣言（经常被引用）："必定会有一条自然定律来阻止恒星的这种荒唐行为！"在场的观众哈哈大笑。

钱德拉刚在会议上展示了自己的研究成果，只得到了礼貌性的掌声，随即惊恐地听到了爱丁顿这句颇带讽刺意味的评价，这不啻于当头一棒。观众的反应也令他深感蒙羞。在这篇论文完成的过程中，钱德拉时常向爱丁顿请教，这位伟人并未有任何否定之语，甚至帮钱德拉找来了需要的计算器。也许，爱丁顿就是想等到公开的会议，方才向钱德拉的研究打出一记重拳，把它变成天体物理学史上最令人瞩目的智力角逐之一。

爱丁顿发表了他主导性的观点。他认为，把狭义相对论和量子力学结合起来使用是错误的，至少钱德拉以如此方法处理白矮星不可行。"我不知道我是否还能活着逃离这个会议，"爱丁顿在会上说，

"但问题……是没有所谓的相对论简并性……我不认为这样的结合生出的孩子是合法的。"在同一年稍晚时，爱丁顿在《皇家天文学会月刊》上又发表了一篇言辞尖锐的文章，再次提到了"非法的结合"。爱丁顿早已因在天体物理学领域成就斐然而名扬天下，尤其是建立了恒星的标准模型，这是20世纪天文学最伟大的成就之一。但他不信任钱德拉的特殊方法，也从不认为自己有可能是错误的。他身着花呢套装，保持腰身挺直，鼻子上端正地架着一副夹鼻眼镜，这位著名的天体物理学家似乎就是英国傲慢的化身。

爱丁顿在公开场合直言不讳这种情况并不少见，他总是乐于时不时地发表一通学术言论。对他来说，科学就是通过这种方式得来的。钱德拉并不是唯一饮痛之人。多年以来，已经有许多人被爱丁顿的敏思所灼伤，但为何在这个至关重要的晚上，没有人帮钱德拉辩护呢？部分原因是钱德拉的研究中涉及的数学和物理知识太艰深，能像钱德拉一样熟悉天文学理论（更不用说量子力学或狭义相对论）的人很少，所以，没有人有能力支持他。爱丁顿是恒星结构和光度的世界级专家，部分旁观者认为，爱丁顿当然是对的，钱德拉肯定是错的。也有一些人虽然支持这位年轻的理论物理学家的工作，但因畏惧与当时最受追捧的天体物理学家公开对抗而选择了沉默。甚至数年之后，几位重要的天体物理学家逐渐意识到了爱丁顿的错误，也只是私下里向钱德拉表示这一点，但在公共场合却仍然缄默，不愿让爱丁顿这位天文学界泰斗蒙羞。许多人建议钱德拉单枪匹马自我辩护，但缺乏来自同伴们的支持，钱德拉觉得痛苦。

爱丁顿号称恒星方面的知名专家，但令人困惑的是，他并没有将人们引领向新的天体物理学。他是相对论的世界级专家，也能驾轻就熟地将量子力学应用到其他领域。事实上，在较早的时候，对于斯通纳等人提出的白矮星的密度上限，他颇为支持，并为他们穿针引线，将他们的论文发表在《皇家天文学会月刊》上。而为何在面对钱德拉时，爱丁顿却言之凿凿，不赞成将这两大理论结合起来，用于恒星坍缩问题呢？很可能，他只是心理因素在作怪——物质竟然可以压缩到体积接近于零的程度，这个观念太荒谬了。那些物质能去哪呢？当时的爱丁顿52岁，他所接受的教育让他认为，已知的宇宙相当简单，所以，他绝对肯定，宇宙不会像钱德拉描述的那样复杂。在他来看，这违背了常识。他觉得，只要用膝盖想想，就可以碾碎钱德拉的结论，忽视掉任何让他不悦的理论。英国科学史学家亚瑟·米勒认为，爱丁顿对钱德拉之所以公然嘲笑，其主要原因是想保护他已为之工作了8年的一个奇异的数学体系。这个他所珍视的项目，目的是自然而然地同时推导出自然界的物理常数和宇宙中的粒子数，钱德拉的发现把他多年来的辛苦研究推到了危险的境地。如果相对论简并性成立的话，爱丁顿的"基本理论"就会一无是处。

所以毫不奇怪，爱丁顿依然坚决持反对意见。1936年，在哈佛大学，他继续称钱德拉的白矮星极限为"星级玩笑"。面对责难，钱德拉作为绅士，表现出一贯的谦谦君子的优雅，泰然处之。加拿大物理学家维尔纳·伊斯雷尔说，在那个时候，"辩论是一项体育运动，就像打板球一样。打完之后，你可以到公共休息室去，和其他人干一杯"。尽管学术意见不一致，这两位科学家还是保持着友好的关系。他们继续一起喝茶，一起参加体育活动或结伴骑自行车。钱德拉确信自己的分析是正确的，他认为时间会证明一切。所以，尽管当时的天文学家以异样的眼光看待他，让他的内心无比煎熬，他仍保持了极大的耐心。"他们认为我就像堂·吉诃德，企图杀死爱丁顿。"四十多年后的他方才坦言，"你可以想象，与天文学界的领军人物对抗，这对我来说，是一段多么令人沮丧的经历。"

来自英国顶级科学家的嘲笑对这位年轻的科学家而言，确实是屈辱和挫折。二十多年后，"钱德拉塞卡极限"——白矮星质量能达到的最高限度，才作为一个基本参数出现在天体物理学的教科书上。1983 年，钱德拉因此获得了诺贝尔物理学奖。

到了 20 世纪 30 年代，这一事件的消极影响便显现出来：钱德拉的自信心受到严重打击，他中断了这个课题的研究，长达数十年之久。钱德拉后来移居美国，因为那里的科学家对他的想法更为接受。他在叶凯士天文台和芝加哥大学继续研究其他天体物理学问题。"我不得不对自己（下一步）要做什么做出决断。我应该在我的余生中继续战斗吗？"钱德拉后来回忆道。"毕竟当时的我只有二十多岁，还要再从事三四十年的科研工作。我认为，对已经完成的事情，再怎么喋喋不休地纠缠，也不会有新的成果产生。"尽管钱德拉对于爱丁顿的批评在公众面前表现出很淡定的样子，但实际上，他的内心被深深刺痛。

事实证明，爱丁顿完全错了。自然对恒星的坍缩并没有提供任何安全网。年轻的钱德拉也没有冒险去猜测，如果白矮星的质量超过了 1.4 倍太阳质量会发生什么。钱德拉生性保守，从不热衷于猜测，然而他为其他理论物理学家打开了一扇大门，使后者得以隐约窥见中子星和黑洞的存在。

准备好"买入"黑洞了吗?

当然,我们也可思忖,如果这段故事中有"如果",事情又会如何?如果爱丁顿是钱德拉的拥护者而非反对者的话,天文学家们是否会更容易接受黑洞的存在?伊斯雷尔认为,这不太可能。他经过了深入的研究,把准了当时科学的脉搏。"在 1935 年,"他写道,"天文学界还没有准备好'买入'引力坍缩的观点。即使让爱丁顿这种大师级的推销员去兜售,也会劝说无效。"第二次世界大战前的天文学家们仍然相当保守,甚少有人接受过专门训练,或者对于把相对论和量子力学这样的新理论应用于解决天体物理学问题也很少有人感兴趣。许多人甚至不认为相对论是物理学的一部分,而将之视作数学的一个分支。

如果新的物理学理论仍无法阻止"史瓦西奇点"形成的可能,那么在这一点上,当时的天文学家就会自信地认为,一定还有其他未被发现的力,以阻止"史瓦西奇点"这种怪诞事物的形成。天体物理学仍是一门相对年轻的科学,仍有许多未知等待发现。很多科学家认为,大质量恒星会经历一个大规模减重期。随着时间的推移,它们扔掉足够多的质量,最终,所有恒星都会跌破那个关键的 1.4 倍太阳质量的极限,从而演化为白矮星,然后再安然死去。甚至钱德拉自己也承认,有一段时间他也倾向于这种观点。

但这似乎只是一个以"就是这样子"结局、听起来过得去的故事。这样的解释也可说是一个权宜之计,因为在一段时间内,这可以使天文学家避免不得不面对难以想象的事物时的尴尬。

第5章

致密星体
新星大爆发宣告了中子星的诞生

　　利用人类新发现的小小粒子——中子，一对奇特的搭档解释了宇宙中辉煌的新星和超新星大爆发现象，并预见性地提出了中子星的概念。但是，如此致密的星体真的存在吗？中子星理论为何成为黑洞研究的重要转折点？

我会教训那些混蛋们的!

——弗里茨·兹威基

新星大爆发

纵观银河系，有许多星系是由两颗或两颗以上的星组成的，常有一颗星绕着另一颗恒星运行，就像月球绕地球一样。如果其中的恒星碰巧是白矮星，那么接下来发生的事情就会很有趣了。1975 年 8 月 29 日夜晚，就发生了这样一件趣事。

日本高中生长田健太郎是一位天文爱好者，常常在闲暇时拿着望远镜扫视星空。那一天，当夜幕降临日本时，他注意到北天星座中的天鹅座尾部出现了一颗以前从未见过的星。并且，这颗星仍在变亮，其光度很快与天鹅座最亮的星天津四相匹敌。

几个小时内，也有很多美国的天文爱好者和天文学家，给官方的新天体发现交流中心拍电报或者打电话，报告这一新星出现的消息。这个新天体发现交流中心就是位于马萨诸塞州剑桥市的天文电报中心局。

人们看到的是这颗星是一颗新星，"新星"这一词语来源于古代的天文学家们，因为当时发现了一颗星，而人们误以为这颗星是宇宙创造出的一颗全新的恒星。两千多年前，天空中出现的一颗新星促使古希腊天文学家喜帕恰斯以站在西半球仰望星空的角度，着手为恒星编制正式的目录。到了 19 世纪中叶，已有很多关于新星来源的离奇有趣的理论涌现。有人说成群的流星彼此相撞创造了新星；也有人说，这种现象源于一颗恒星穿过宇宙云团时摩擦生热导致的亮度飚升。但事实上，那天晚上长田健太郎和许多人目睹的，是一颗正处于爆发状态的恒星。它突然爆发，呈现出惊人的光彩，然后又慢慢恢复到原来的亮度。

这颗 1975 年发现的新星现已被正式标记为天鹅座 V1500。这是一个双星系统，由一颗白矮星及一颗小而距离很近的红色伴星组成，与地球的距离约为 6000 光年。由于两颗星之间的距离很近，所以白矮星强大的引力场可以使红色伴星上的气体逐渐脱离，在白矮星周围形成一个物质漩涡盘。随着时间的推移，漩涡盘中的一些物质抵达白矮星表面，就像一块由氢构成的薄毯子，将整个白矮星包裹起来。在白矮星强大引力的压缩和加热作用下，聚变反应突然被点燃，巨大的热核爆炸席卷白矮星，新星就这样诞生了。天鹅座 V1500 的光度在极短时间内增长了一亿倍，使其成为 20 世纪最明亮的新星之一，可见的时间仅持续了数天[①]。

然而，尽管发生了这种极其猛烈的爆炸，双星系统却毫发未损。

---

① 天鹅座 V1500 于 1975 年 8 月 29 日被发现，8 月 30 日光度增至 2.0 等，然后在 3 天内降低 3 等，在 45 天内总共降低 7 等。

可能在一万年或更久后，天鹅座新星会再次爆发。这要等双星系统中的"小偷"——白矮星，从其伴星那里"偷"来足量的氢时，才有可能发生。这是宇宙中新星最普遍的成因。在银河系中，每年约有30颗白矮星以这种方式获取伴星的氢而成为新星，它们零零散散地分布于整个星系。"在古老而熟悉的星座构造上发生了一些不可思议的变化，"1939年，亨利·诺利斯·罗素这样说，"我记得第一次看到新星时给我留下的印象……强烈的不和谐感！"远在银河系外的星系中，每年也有很多新星被不断发现。

恒星核将被挤压为半径极小而密度极大的中子裸球？

早在天文学家们确切地知道新星是什么之前，就已意识到新星不止一种。除了出现在宇宙中的那些"普通"新星外，天文学家们注意到另一类新星的存在。这类新星更明亮、更罕见，在银河系中数百年才出现一次，罗素夸张地将其称为"目前人类已知的最震撼人心的另类新星现象"。著名的金牛座蟹状星云就是这种新星爆发后留下的残骸，中国古代的天文学家早在1054年就对这次新星的爆发做了记录。一些天文学家将这种新星称为"巨型星"，其他人称之为"超大新星"。美国加州威尔逊山天文台的沃尔特·巴德，则用自己的母语德语将之称为"首席新星"。

巴德并不像他在威尔逊山天文台的同事埃德温·哈勃那样有名，哈勃证实了我们生活在一个不断膨胀的宇宙中。但事实上，巴德也是一位非常优秀的观测天文学家。1952年，他纠正了哈勃关于宇宙大小的观点，指出宇宙的广度和年龄都是哈勃估计的两倍。巴德出生于德国，并在德国接受教育。由于髋关节受损，走起路来一拐一瘸。

但正可谓"塞翁失马，焉知非福"，正因如此，这位志向远大的天文学家才逃过了第一次世界大战的浩劫，能够在读研究生期间专注地学习很多有用的观测技巧。同事

下图　沃尔特·巴德（资料来源：加利福尼亚州圣玛利诺市亨廷顿图书馆）

们认为，"（巴德）把发现宇宙的奥秘当作阅读最惊心动魄的侦探小说，而他自己，就是小说中智勇双全的大侦探"。

获得博士学位后，巴德在德国汉堡天文台任职。1921 年，他首次观测到一颗极为明亮且非常罕见的新星，这颗新星的突然爆发发生在 NGC 2608 的小螺旋星系里[①]。他即刻被迷住了。他持续地拍

摄这颗新星，直到它第二年消失了为止。正是巴德证实，这种特殊的新星比普通新星拥有更惊人的能量。事实上，任何一次这样的新星大爆发，其达到的亮度相当于整个星系所有恒星加起来发出的光。鉴于这种惊人的光度，瑞典天文学家克努特·伦德马克为这类新星取了一个新名字——超新星。

1931 年，在转到美国加州威尔逊山天文台工作后不久，巴德

① NGC 2608，又称为阿普 12，是位于巨蟹座的一个螺旋星系，因为距离远而显得微小和暗淡。

就对使用世界上最大的望远镜观察超新星兴趣盎然（在一大堆其他兴趣之中）。不远处的加州理工学院的物理学家弗里茨·兹威基成为他的合作者。兹威基于 1898 年生于保加利亚，父母都是瑞士人。兹威基于瑞士苏黎世接受教育，一生都保留着瑞士国籍。1925 年，兹威基到加州理工学院任物理系研究员，后来升任教授。他当时的主要课题是研究液体和晶体的物理属性，但这对他而言只不过是开胃小菜。不安分的他不断地拓展自己的兴趣，这从他一生发表的近 600 篇科学论文主题的广泛性上可见一斑：宇宙射线，星系团的距离、规模与年龄，航空动力，流星，气体的电离，量子理论，固体的弹性，晶格，电解质，引力透镜，推进剂和类星体，如此等等。

加州理工学院有着轻松的校园氛围，这也算是加州的生活方式之一，但兹威基却保持了 19 世纪欧洲教授的权威做派。他富于进取精神，有远见而又固执己见，是位超凡的科学个人主义者。他时常惹恼他物理学和天文学研究上的同事，因为他在研究主题上太随心所欲（他称天文学为他的"爱好"），也因为他时常提出一些很疯狂的想法、一些需要等待几十年才能被证实的想法。比如，他于 1933 年首先提出宇宙存在"暗物质"，而迄今为止，"暗物质"仍是天文学上的谜团。"兹威基是这类人中的一员，"加州理工学院的天文学家华莱士·萨金特回忆道，"他们（总是）决心证明其他人是错误的。他的口头禅是：'我会教训那些混蛋们的！'在这方面，他做到了极致。"

巴德与兹威基，真是天文学界一对奇特的搭档。兹威基性情古怪、咄咄逼人，大多数情况下喜欢独立研究，而巴德说话温和，性情和蔼，合作意识强。然而，或许是因为共同的母语和文化传统，

两人成了莫逆之交。人们时常可以看到他们一同出现在小镇附近，无休止地探讨新星问题（直到多年以后他们有了可怕的冲突）。

他们的最佳合作期是1933年。当身在英格兰的钱德拉塞卡对"一颗比典型白矮星质量要大得多的恒星会发生什么"这样的问题不愿作出推测时，兹威基很快提出了自己的看法。正是在此前一年，英国物理学家詹姆斯·查德威克用高能辐射物（α粒子）轰击原子核，成功地打出了一些未知粒子，这些粒子具有理论物理学家设想过的一种可能存在的粒子的所有属性。这种粒子和质子质量相同，但不带电；由于是中性的，因而被命名为中子。

从粒子物理学界得知这一消息后，兹威基以他一贯的狂妄方式宣称，可以利用这个新发现的粒子来解释超新星是如何被点燃的。他认为，不知何种缘故（他还不知道确切的演变过程），恒星的核心会随着时间的推移而被挤压、再挤压，直到它的密度变得十分巨大，就像原子核的密度一样。在这种情形下，在恒星的核心中，带负电的电子和带正电的质子将向内聚合，形成一个中子裸球。"这样的恒星，"他和巴德在《美国国家科学院院刊》上这样写道，"可能半径极小而密度极大。"事实上，其直径会不超过一座城市。很自然地，兹威基把这种星体称为"中子星"。

上图 弗里茨·兹威基（资料来源：美国物理研究所埃米利奥·塞格雷视觉档案室）

不同质量恒星的聚变链

有了兹威基的理论做铺垫，天文学家们能够弄清楚超新星诞生的过程了。这取决于原来的恒星质量的大小。普通恒星在其生命的周期内保持着惊人的平衡。引力不断把物质向内拉拽，向下挤压得越来越紧，但与此同时，来自恒星炽热气体产生的巨大反推力与其平衡，结果是形成了一个稳定地向宇宙发出光和（热）能的恒星。我们的太阳已保持这种平衡约 50 亿年了，还能再保持 50 亿年。但这种局面终会结束，平衡终会被打破。当聚变为氦的氢原子最终耗尽时，在引力的作用下，恒星核发生坍缩。随着引力能量的释放，恒星的外壳向外扩展并变冷，从而形成一颗巨星。但它不再是黄色的，而是冷却了的红色。就此，氦接替氢成为聚变的燃料。

我们太阳中的氦最终也会耗尽，但核心会进一步聚变，产生碳和氧。这是太阳的宿命。太阳质量不够大，不能把那些（碳和氧）原子聚变为更重的元素。它的燃料会耗尽。当这种情形发生时，太阳将最终失去其巨大的红色外壳，留下地球一般大的热核，演化为白矮星。随着核引擎的关闭，这颗质量仅为原来太阳五分之三的恒星将开始逐渐冷却。地球上每立方厘米的泥土平均重量为 5 克，但在这颗白矮星上，密度会达到每立方厘米 1 万克到 1 亿克不等。引力是宇宙的终极王者，能够把一团和高层建筑一般大的物质压缩进方糖大小的空间。但最终，电子简并压阻止白矮星进一步收缩。电子仍在发生效力，它们强大到足以遏制引力。

但是，假如恒星的质量比太阳还大，其最终的演化过程又将如何呢？起初，核聚变生成了碳和氧，恒星可以继续燃烧。原子持续的聚变反应将导致形成氖和镁；氖和镁随即成为进一步聚变反应的原料，形成更重的元素，如硅、硫、氩和钙等。如果恒星足够大，这种聚变反应可以一直继续下去，直至最终形成铁。这是聚变链的终点，是恒星内部聚变过程的终结，是恒星生命的终点站。因为合成铁消耗的能量比释放出来的更多，恒星无法产生更多的能量来对抗引力，所以在这一刻，恒星坍塌了，引力的作用强势显现。当一颗恒星的核聚变过程进行到铁形成的阶段，就是它灾难性坍塌的时刻。原本月球大小的星核，在不到一秒钟的时间内，被挤压为城市般大小。没错，不到一秒钟的时间。

怎么会这样呢？因为电子再也对抗不了引力作用了。在超大恒星坍缩的过程中，电子与质子最终合并，形成中性粒子——中子，并释放出大量的中微子。超大恒星坍缩形成的中子星大约20千米宽，极为致密。从本质上讲，中子星是一个无比巨大的原子核的集合，其密度比地球大十万亿倍。（曾有人测算，若把北美五大湖的水压缩到中子星的密度，那么，一个洗手盆就可装下所有的水。）如果中子星上形成一座山，由于强引力场的作用，其高度仅有几厘米。在这种情形下，强大的核力出场了，它开始扮演使恒星保持现状的主角，防止引力造成进一步坍缩。核力阻止恒星在引力的不断压缩下变得更小。

当这个过程发生时，一系列可观察到的迹象成为这个演化过程的有力证据：恒星坍塌时，由星核发出的激波[1]伴随着大量的中微子流，迅速穿过剩余的星体外壳。当激波抵达恒星表面，地球上的

---

① 气体、液体和固体介质中应力（或压强）、密度和温度在波阵面上发生突跃变化的压缩波，又称冲击波。在超声速流动、爆炸等过程中都会出现激波。爆炸时形成的激波又称爆炸波。

我们就能观察到壮观的超新星大爆发。正如兹威基在20世纪30年代所预言的那样，大爆炸宣告了中子星的诞生。在这个过程中，在爆炸云的混乱涡流中，产生了比铁还重的重元素。

物质会被压缩得如此致密吗？

当时的兹威基当然不清楚这些细节。他只是认为，超新星的生成是由于恒星在释放巨大能量的同时内核变得越来越小，而在某种程度上，惊人的大爆发正是其释放能量的过程。现在看来，他对这个过程的描述如此具有前瞻性，依然令人震惊。中子星的确认仍需等待30年。在兹威基时代，中子星仍停留在理论构想阶段。天文学家们认为，中子星体积太小，即使确实存在，也难以发现。（1967年，当英国天文学家乔丝琳·贝尔通过持续的射电脉冲终于发现第一颗真正的中子星时，一切都改变了。）

1933年12月，在斯坦福大学召开的一次美国物理学会会议上，巴德和兹威基发表了他们具有预见性的观点。天文学家们喜欢恒星大爆炸产生超新星这一说法，但认为中子星概念太过离谱，纯属幻想，缺乏真凭实据。虽然天文学家们认同，超新星允许质量超大的恒星通过抛弃掉一定量的物质变成白矮星稳定下来，但他们无法安心接受的是，白矮星内部的物质可以被压缩到如此致密的程度。因此，除了少数几位勇敢的科学家，几乎无人看好中子星理论。在1939年于巴黎召开的一次会议上，谈及中子星的可能性时，钱德拉说，他同意中子星核的形成"可能就是超新星的起源"的说法，但他没有立即跟进。那些跟进的人中有苏联的列夫·朗道和加州大学

伯克利分校的罗伯特·奥本海默，后者后来成为"原子弹之父"。这
两位物理学家并没有立刻否定中子星的设想，而是接受并继续研究
它。这是黑洞研究的重要转折点。它引领研究者们——至少起初有
那么几个人，开始猜想，宇宙很可能正在创造着这些奇特的天体。

第 6 章

永久跌落
恒星将会无限制地持续收缩

　　中子星并非致密星体的终结点：一旦超过某一质量，恒星会无限制地坍缩下去。一旦恒星坍缩到足够小，宇宙中再无任何力量可以阻止引力创造出黑洞——恒星将会从时空中消失。这个概念实在太过惊世骇俗，以至于连爱因斯坦都拒绝相信黑洞的存在。

只有它的引力场持续存在。

————罗伯特·奥本海默与哈特兰·斯奈德

研究恒星能够避免被捕吗?

20 世纪 30 年代末,苏联正处于万马齐喑的沉闷气氛中,一场严酷的政治运动正处于巅峰时期。列夫·朗道是一个虔诚的马克思主义者,但他估计自己也被盯上了。20 世纪 30 年代,在苏联政府对科学家的政策还比较宽松的时候,朗道到西欧一些国家的顶级大学和物理研究中心访学了一段时间。他是那种头发蓬乱、不修边幅的青年才俊。他的研究论文涉及物理学的众多领域,并以其创造性的洞见和数学才能闻名于世。认识朗道的人都称他为天才。然而,在他 1931 年回国后不久,任何与西方保持联系的苏联科学家都会被认定为罪犯,因为政府疑心他们已被资本主义腐蚀。正是因为曾经访问过西欧,朗道遭到了怀疑。

1937 年,这场运动从政治层面扩大到了学术圈。因此，29 岁的朗道决定将他那时正在从事的原子物理学、磁学和超导电性等研究搁置起来，重新回到恒星能量的研究上，试图在这个被誉为物理学领域最大的挑战之一的问题上有所突破。深谙学术政治之道的朗道认为，如果他成功破解了恒星能量来源之谜题，必然会赢得科学荣耀，这种荣耀会使他避免被捕。他的数位同事在这次政治运动中已经被捕了。在他的意识中，在科学史取得的万众瞩目的成就会迫使官员们放过他。

朗道没有使用旧的标准恒星模型，而是以一种全新的方法，得出了恒星内部有一个"中子核"①的结论。朗道推断，在每个正常恒星致密的中心，原子核和电子结合为中子。那时的兹威基认为，超新星爆发现象的本质正是中子星的形成。朗道称，形成中子的过程使得星核更加致密，从而释放出足够多的能量，推动恒星走过亿万年的岁月。朗道的朋友、物理学家乔治·伽莫夫在这一年出版了一本原子物理学方面的书，计算出这样一颗星核的密度约为一百万亿克每立方厘米。"（这）和原子核内的情况类似，"伽莫夫写道，当核心的密度被压缩到如此致密的程度时，释放出的引力势能"足够使恒星维持一段很长时间的生命"。

朗道把他的论文寄给了在哥本哈根的尼尔斯·玻尔。玻尔是苏联科学院的荣誉院士，所以，这仍然是朗道试图引起西方注意的合法渠道。玻尔把朗道的论文送到了《自然》杂志。该杂志于 1938 年 2 月 19 日刊登了这篇论文。在论文中朗道称："我们可以将恒星视作一个拥有中子核的天体。稳定增长的中子核持续释放出能量，使恒星维持在炽热状态。"

---

① 朗道认为，这个由中子构成的核在恒星内部为恒星提供能源。

一俟论文发表，朗道就精心策划了一次公关活动，以扩大影响。通过和高层接触，他联系到苏联最有影响的一家报纸[①]为他写报道。该报盛赞了这篇论文，将其描述为"大胆的设想，为天体物理学方面最重要的进程之一赋予了全新的生命"。

这是一场不错的宣传，但仍不够好。朗道的政治策略——玻尔的支持、论文发表于著名杂志上、新闻热点，统统没有奏效。（这也很可能与他曾准备了反斯大林的传单，并试图在1938年五一劳动节游行集会上散发有关）。最终，朗道因荒唐的指控被捕，羁押了一年。该指控说他作为一名犹太人，曾为纳粹德国从事间谍

上图　列夫·朗道（资料来源：美国物理研究所埃米利奥·塞格雷视觉档案室）

活动。直到苏联著名的物理学家彼得·卡皮查出面干预，朗道才得以释放。卡皮查向苏联当局坚定地强调，只有朗道才可以解释新发现的超流现象。卡皮查是正确的，朗道后来确实成功解决了过冷液体流动时完全没有摩擦的问题[②]，并因此获得了1962年诺贝尔物理学奖。

---

① 此处的报纸应指《消息报》。
② 朗道创立了氦Ⅱ超流性的量子理论。

奥本海默：中子星也有质量极限

虽然朗道在超流研究上取得了不凡的成就，但在恒星能量来源的研究方面并不成功。他的理论在此领域存在严重缺陷。在紧接着的 1939 年，德裔美籍物理学家汉斯·贝特先行破解了太阳发光之谜。他认为，恒星内部的巨大能量源于原子核的聚变，而不是通过引力能量的释放产生的。贝特是首个提出这种观点的人。

不过，在推进黑洞理论发展的进程上，朗道发表在《自然》杂志上的论文仍然极具影响力。加州理工学院的理论物理学家理查德·托尔曼是广义相对论方面的世界级专家，他在读了朗道的论文后极力支持中子核观点，并认为这是一个亟须解决的问题。于是，他极力劝说同事罗伯特·奥本海默将爱因斯坦的时空方程应用到恒星坍塌的研究中。奥本海默已对朗道模型中的高密度中子物质有所了解，对此很感兴趣。1938 年夏天，受到正在加州大学伯克利分校访问的贝特的鼓励，奥本海默与罗伯特·塞伯共同检验朗道论文的观点。他们很快发现，正常恒星内部不可能藏有中子核，否则它们看起来会完全不同。以太阳为例，如果存在中子核，在超高密度中子核产生的巨大引力作用下，太阳看上去要小得多。

虽然朗道的核心思想未能成功解释恒星能量的来源，奥本海默还是从朗道对致密恒星核的描述中受到了启发。既然错过了解释太阳发光之谜的时机，奥本海默转而思考朗道所说的中子核是否会在恒星生命终结时分起到重要作用。也许，兹威基的超新星爆发现象的本质正是中子星的形成这一猜想是对的呢？

像许多优秀的物理学家那样，奥本海默喜欢抛开现象直达本质。

他对任何恒星爆炸学说不予理睬，并不特别钦佩兹威基这样的物理学家，也许他觉得他们多少有些哗众取宠。奥本海默只关注中子星本身。中子星的物理属性是什么？钱德拉塞卡发现，为了保持稳定，白矮星的质量必须小于一个确定值。那么，中子星也会遭遇类似的极限吗？尽管奥本海默在其科学生涯中只花了很短一段时间研究恒星问题，但却取得了他在理论物理学方面最重大的成就。单从家庭背景来看，他竟会从事理论物理学研究，这确实有点出人意料。

奥本海默成长于纽约市上西区，家境优越，生活舒适，父亲通过纺织贸易为家庭赚取了丰厚的财富。在奥本海默小时候，穿着制服的司机开着豪华轿车将他载去私立学校读书。在童年时期，他是家里唯一的孩子（8 岁时才有一个弟弟）。小奥本海默对岩石和矿物质特别着迷，在曼哈顿的家里堆满了各种标本。

在哈佛大学读本科时，奥本海默选择了化学专业。当他发现自己并不擅长实验室工作时，便扬长避短，迅速转向他特别喜欢的理论研究工作，尤其是理论物理学。20 世纪 20 年代中期，量子力学为物理学带来翻天覆地的变化，奥本海默急于赶上这一潮流，选择前往欧洲读研究生。他先到英国剑桥大学，后来转到德国哥廷根大学学习，得以与量子力学的诸多奠基人相识，其中包括保罗·狄拉克、尼尔斯·玻尔和马克斯·玻恩。

量子力学研究的第一次浪潮催生了一大批诺贝尔奖获得者，而在量子力学发展的第二次浪潮中，物理学家们试图将狭义相对论应用到量子力学理论中，狄拉克关于存在"反物质"的预言就产生于这样的探索中。尽管奥本海默未能赶上第一次浪潮，但有幸投身于第二次浪潮中。

罗伯特·奥本海默（资料来源：美国物理研究所埃米利奥·塞格雷视觉档案室）

我们应该保持我们的美好感情以及创造美好感情的能力，并在那遥远而不可理解的陌生地方找到美好的感情。

——罗伯特·奥本海默

获得博士学位后，奥本海默回到了美国，此时正值美国政府和商界在全美的大学推行加强研究生科学教育的计划。由于在欧洲镀过金，奥本海默一时炙手可热。1929 年，他得到加州理工学院和加州大学伯克利分校两所大学的职位。这两所偏居于美国西海岸的大学，由于奥本海默在 20 世纪 30 年代至 40 年代早期的贡献，在理论物理研究方面一跃成为世界上最好的大学。该领域的天才们纷纷涌向这两所大学，与奥本海默一起工作。奥本海默和学生们要么研究由加州大学伯克利分校欧内斯特·劳伦斯用回旋加速器分离出来的新粒子和力，要么研究加州理工学院教授们在天文和天体物理学上的新发现。科学史学家大卫·卡西迪如是说："真正使学院成功的是奥本海默本人。而这和他的理论水平、授课技巧或者管理能力关系不大，主要是因为他那独一无二的在欧洲获得的选题能力。这种能力让他为团队挑选出最具前途的研究课题，并激励和指导团队成员将科研经费用在领域内前沿问题的研究上。"

据一位加州大学伯克利分校的人说，学生们把这位物理学家看作"像神一样"的人。他不仅身材高大，有一双迷人的蓝眼睛，非常富有，而且在科学之外兴趣广泛，包括绘画、梵语，甚至阅读柏拉图的希腊文原著等。他风度翩翩，极具魅力，总是慷慨地为学生分担账单。然而，他也是一个备受内疚和不安困扰的人[1]。

奥本海默并非让人惊叹的新理论开拓者，至少不像量子力学的奠基人，比如维尔纳·海森堡那样，在现代物理学上开辟出一片全

---

[1] 当原子弹试爆成功时，奥本海默"对自己所完成的工作有点惊惶失措"，在心中浮起了"我成了死神，世界的毁灭者"的感觉。当原子弹在日本的广岛和长崎掷下以后，奥本海默心中的罪恶感就愈发难以解脱了，以至于作为美国代表团成员在联合国大会上脱口而出："总统先生，我的双手沾满了鲜血。"

新的领域，也没有被称为"奥本海默不确定性原理"的理论[1]。他与马克斯·玻恩合作制定的玻恩－奥本海默近似[2]现在仍被用来计算分子的量子行为，但奥本海默本人的专项工作则是对正在开展的原子物理学实验的解释性计算——必不可少、至关重要但又默默无闻。他的许多理论性论文现已过时，多被遗忘。而恰恰是在20世纪30年代末期短暂地介入天体物理学研究期间，他写出了今天依然被时常提及的论文。他和他的学生们所做的就是把史瓦西点拉进了现实世界。

奥本海默在原子和核物理理论方面的研究将他引入了宇宙研究领域，这毫不为怪。如前所述，在20世纪30年代，物理学家们试图解释太阳及其他恒星得以保持活力数十亿年的原因。很显然，恒星的能源来自于原子核聚变过程释放出的能量。许多物理学家早在10年之前就注意到这种可能性，问题在于需要对其路径的精确描述。朗道之所以提出一个截然不同的方案，总而言之，是因为理论物理学家们在解释太阳内部的核聚变反应时障碍重重，以至于朗道确信，由一些顶级天体物理学家，例如爱丁顿，提出的相关论述都是荒谬的。

奥本海默多年来一直关注着这一领域的发展。1938年，美国物理学会与科学促进会召开了一次联席会议，主旨为核聚变对于天体物理学之意义。在这次会议上，奥本海默协助组织了一次研讨会。

---

① 海森堡学说所得出的成果之一是著名的"海森堡不确定性原理"。
② 也称为定核近似或绝热近似，它基于这样一个事实：电子与核的质量相差极大，当核的分布发生微小变化时，电子能够迅速调整其运动状态以适应新的核势场，而核对电子在其轨道上的迅速变化却不敏感。这种近似是量子化学和凝聚态物理学中的一种常用方法，用于对原子核和电子的运动进行退耦合。

就在此时，康奈尔大学的汉斯·贝特完成了他那篇具有历史意义的论文，该论文揭示了恒星能量的真正来源，即氢核聚变为氦时产生的能量。凭借这一成就，贝特获得了 1967 年诺贝尔物理学奖。

看到贝特已拔得头筹，奥本海默将注意力转移到恒星生命的另一端——恒星的死亡。之前，弗里茨·兹威基曾提及，恒星大爆发会形成致密的中子裸球，在这个不断坍缩的内核中，质子和电子会被挤压在一起。与此同时，朗道也谈到恒星有"中子核"。钱德拉仅采用狭义相对论就得出了白矮星的质量极限，但对于中子星这样的各种复杂的力相互角逐的竞技场，有必要借助广义相对论来作答。中子星极高的密度和极为强大的引力场使得牛顿引力定律早已不再适用。

奥本海默与其研究生乔治·沃尔科夫联手展开了这项研究（并请托尔曼作为兼职顾问）。这对师生在广义相对论框架下，推算出了完整的中子核形成路径。当时计算机尚未出现，沃尔科夫使用一台计算器，艰难地完成了错综复杂的数学运算。最终他们证明，中子星，极有可能，正栖居于我们的宇宙中。兹威基是对的。但在奥本海默的论文中，你不会读到"中子星"这个词。在 1939 年他和沃尔科夫共同发表于《物理评论》上的论文中，标题中用的是"中子核"而非"中子星"，这是在沿用朗道的描述。奥本海默确保没有引用兹威基提出的任何观点。在这篇 8 页的论文中，他们大量提及的是朗道的研究成果。

兹威基获悉此事后怒火中烧，奥本海默从未与他商讨过该问题。这位脾气暴躁的物理学家认为，自己才是中子星领域的不二权威。当时，他正在对超新星进行系统性的研究，在加州帕洛玛山上[①]

---

① 帕洛玛天文台所在地。

用特殊的大视场望远镜在自己认为可能诞生中子星的地方搜寻中子星。为了反击奥本海默，在同一年、同一本期刊上，兹威基发表了一篇题为《论深度坍缩恒星的理论与观察》的论文，同样没有引用奥本海默和沃尔科夫那篇突破性论文中的任何观点。这篇论文平淡无奇，早已被今天的人们所遗忘。兹威基总是无所畏惧地大胆猜测，中子星是从恒星壮观的大爆发中产生的这一看法理所应当获得赞誉，但的确是奥本海默和他才华横溢的学生沃尔科夫更有理论悟性，首先揭示了这种奇特的新星体的物理特性。加州理工学院的理论物理学家基普·索恩在他的《黑洞与时间弯曲》(*Black Holes and Time Warps*) 一书中也提到了这一点。索恩盛赞这对师生的论文"简洁，富有洞察力，细节无可挑剔，堪称杰作"。

这篇开创性的论文最后得出的结论也极具趣味性。奥本海默和沃尔科夫发现，中子星并非致密星体的终结点：一旦超过某一质量，中子核会继续收缩——无限制地收缩下去。他们认为，正如钱德拉塞卡发现的白矮星质量极限，中子星也存在着类似的质量极限。如果中子星的质量超过那个极限，又会如何演化呢？"这个问题……仍没有答案。"这就是他们的回答。但那时，没有人担心这个。奥本海默和沃尔科夫明白，他们只不过是刚介入这个问题，还存在这样一种可能：凝聚态物理对这种极端条件下的物质仍缺乏了解，或许，会有新的斥力发挥作用，阻止恒星的终极坍塌。

恒星坍缩，奇点再现

为了找到最终结果，奥本海默招收了另一名研究生，名叫哈特兰·斯奈德。斯奈德享有杰出数学家的美誉，可以自如使用广义相对论。这是一对独特的搭档。斯奈德出身于工薪阶层。"奥本（奥本海默的简称）极其文雅，懂文学、艺术、音乐和梵文。但斯奈德像其他人一样，喜欢……派对。我们在派对上狂欢，大唱校园歌曲和祝酒歌。在奥本所有的学生中，斯奈德是最独立的。"加州理工学院的物理学家威廉·福勒曾经回忆道。奥本海默让斯奈德对此作进一步的研究，解开超过质量极限而持续坍缩的中子星下一步如何演化之谜。而关于这项努力的结果，奥本海默后来对一位同事说，"极为古怪"。奥本海默和斯奈德从燃料枯竭的恒星着手。在那个仍然使用笨重台式计算器的年代，为了简化计算，他们忽略了某些压力和恒星的旋转，否则问题无法解决。

随着核聚变的关闭，热量逐渐消失，恒星核无法对抗自身引力的拉拽，坍塌残留体开始收缩。奥本海默和斯奈德确定，如果恒星核超过一定质量（现在认为是两到三倍太阳质量。已发现这种核存在于25倍及以上于太阳质量的恒星中），坍塌残留体既不会变成白矮星（我们太阳的宿命），也不会在中子星状态下稳定持续。因为物质一旦被挤压到密度超过每立方厘米1814亿千克，中子就无法继续有效阻止恒星的进一步坍塌。这时，来自中子的简并压也不再是能够与引力相对抗的胜利的制动者了。根据奥本海默和斯奈德的计算结果，恒星将会无限制地持续收缩。引力接管了一切。不断坍塌中的恒星的所有物质将陷于永久的跌落状态中。

在那扇"门"①不可逆转地"关闭"前，要逃离的最后一束光

---

① 1916年，史瓦西通过计算认为，如果将大量物质集中于空间一点，其周围会产生奇异的现象，在质点周围存在一个界面——视界，一旦进入这个界面，即使光也无法逃逸。

在巨大引力的作用下，波长被越拉越长（从可见光变成红外线再变成无线，直至超出我们的探测范围）。当这束光终于不可见时，恒星就这样从我们的视野中消失了。在消失的恒星周围，时空变得如此弯曲，似乎将其囚禁在茫茫的宇宙深处。"只有它的引力场持续存在。"这就是两位杰出的物理学家在一系列恢宏的描述后给出的最后的结束语。

他们计算出，恒星会坍缩为一个点——被挤压为一个密度无限大、体积无限小的奇点（这似乎不可能）。他们的方程表明了这一点，但他们犹豫了，不知是否应直率地说出来。因为在当时，奇点令物理学家们感到厌烦。这标志着他们的理论应用于极端情形时出错了；或者他们已进入到一个采用数学无法正确地描述物理学的领域。这就像用一个数除以 0，非常糟糕。8、29 或者 103 中有多少个 0 呢？没有确切答案。也许，有无数个 0——29 除以 0 等于无穷大——但这并非令人满意的答案。物理方程计算出的奇点来源于方程中的某个参数趋于无穷，这显示出类似的困境。鉴于此，奥本海默和斯奈德觉得应适可而止。他们所作的报告已经够离奇的了。他们的论文已被维尔纳·伊斯雷尔如此赞颂："该领域有史以来发表的最大胆、最惊人的预言……这篇文章直到现在依然无可挑剔。"

在论文的标题中，奥本海默和斯奈德将这种现象称为"持续的引力收缩"，并在文中建立了首个现代黑洞概念。但当时极少有人意识到这一点，部分原因可归咎于恶劣的环境。奥本海默和斯奈德在《物理评论》上的论文发表于 1939 年 9 月 1 日，而就在同一天，希特勒下令进攻波兰，从而爆发了第二次世界大战。如此看来，这篇论文少有人关注就不足为怪了。而且，这期杂志还刊发了尼尔斯·玻尔和约翰·惠勒共同撰写的一篇关于核裂变的开创性论文，而当时的物理学家们普遍认为核裂变研究更为紧迫，相较之下，坍缩的恒星似乎就无足轻重了。这也是奥本海默在天体研究领域的最后一篇论文。当时，物理学还没有理论可以应用于陷入黑洞中的物质，他还能做些什么呢？

中子星的研究在奥本海默的科学生涯中，只不过是短暂的"不务正业"，期间他一共发表了3篇相关论文。在此之后，他又回到核粒子和宇宙射线物理学的研究工作中去了。1942年，他参与了美国的"曼哈顿计划"，该项目旨在制造世界上第一颗原子弹[①]。他的学生们毕业后大都进入大学从事教学，再也没碰过这个课题。大多数天文学家，如果考虑过这个问题的话，也通常会得出这样的猜测：随着时间的流逝，大质量恒星摆脱掉大部分质量，这样就可以在年老阶段稳定在白矮星状态。只有弗里茨·兹威基仍在为中子星摇旗呐喊。他发表了几篇论文，但无人关注。

天文学家们说，也许是恒星风将年老恒星的大部分质量带走，吹进了太空；也许是恒星的大爆发使得任何恒星的残骸的质量与太阳相当或更小。这不无道理。因为天文学家们恰好注意到一种叫沃尔夫－拉叶星[②]的恒星，它们的确是以恒星风的方式减重的。通过强劲的恒星风，这种演化中的大质量恒星每年抛掉大量的物质，是我们的太阳通过太阳风释放出的物质的10亿倍。

即使在宇宙某处正在发生引力坍缩事件，当时的人们也无法观测到，因为那时的望远镜没有能力确认中子星或黑洞的存在。那时

---

① 1945年，奥本海默主导制造出世界上第一颗原子弹，被誉为美国的"原子弹之父"。
② 沃尔夫－拉叶星是大质量恒星（十几到几十个太阳质量）在氢燃烧阶段将其外壳以超星风形式损失掉而暴露出来的星核。

的天文学家们尚未意识到，他们需要等待，等待扫视天空的新工具和新技术的发展，从而捕捉到可见光谱范围之外的电磁波。

爱因斯坦不相信黑洞

广义相对论学者又是如何看待这个结果呢？难道他们对这个全新的、令人震惊的发现是在广义相对论框架下完成的没有丝毫兴奋吗？事实上，他们压根没注意到这个成果。相对论专家们当时更感兴趣的不是该理论在天体物理学中的实际应用，而是神秘难解的弯曲时空。对于数学物理学家来说，广义相对论就是个好玩的玩具。在他们看来，深入研究广义相对论是件趣事，但与星空不相干（也许，太阳附近一些星光的弯曲除外）。那时，广义相对论不是作为物理课，而是作为数学课来讲授的。人们感兴趣的并非实验证据或实际运用，而是缜密的证明。

尽管引力坍缩理论在西方无人跟进，但却给身处苏联的朗道留下了极为深刻的印象。他把奥本海默和斯奈德的论文列入了他的"黄金目录"。该目录是一本论文集录，他会把自认为值得查看的经典论文收入其中。

多年以后，物理学家弗里曼·戴森试图说服奥本海默回到黑洞研究上，但这位原子弹之父无意接受。因为奥本海默相信，他只是把爱因斯坦的理论应用到了坍塌的恒星上，并非发现了什么新理论。戴森怀疑，奥本海默将自己的这项非凡成就看成是"研究生的水平或三流水平"，并未意识到自己的成果是理论上的巨大胜利。戴森对奥本海默的不以为然无法苟同。他把奥本海默那篇关于持续的引力收缩的论文描述为"科学史上最重要的贡献……衍生科学中的杰作，采用并展示出爱因斯坦的基本方程在天文学的现实世界中产生的惊人的、意想不到的结果"。

然而，20世纪30年代即将结束时，大多数天文学家仍未做好心理准备，去相信这种怪诞的物体会存在于现实世界。甚至在1939年奥本海默和斯奈德的论文发表一个月后，爱因斯坦也发表了一篇论文，试图证明这种天体是不可能形成的。如果爱因斯坦没有违背常规，以一种不切实际的方式设计他的模型，以证明恒星不会坍塌的话，也许会得出与这两位加州理论物理学家相同的答案。"有一点不能确定，"爱因斯坦写道，"已做出的假设包含了物理上的不可能性。"好吧，他的意思是，你可以以数学的方式在纸上创造出奇点，但物质也可能以同样的方式阻止坍塌。爱因斯坦试图通过想象来证明这一点，他将这种物质假设为"大量小引力粒子……类似于一个球状星团"。就像变戏法似的，粒子极其敏捷的圆周运动产生的离心力在本质上阻止该球体陷入任何坍缩，从而避免形成奇点。如此而已，不过是种错觉。爱因斯坦有不紧跟科学文献的不良名声，在这次试图单方面解决问题之前，也没有读过奥本海默和斯奈德的论文。

一些科学史学家称，爱因斯坦1939年发表的批判奇点的论文是"他糟糕的科学论文中最糟糕的一篇"，因为奥本海默和他的学生是完全正确的。一旦恒星坍缩到足够小，宇宙中再无任何力量可以阻止引力创造出黑洞，再多的旋转运动或者气体压力都无济于事。引力是宇宙的终极王者，它将压倒恒星内部的一切力量。为何爱因斯坦未能认识到这个简单的物理事实呢？广义相对论学者、加州理工学院的基普·索恩说，爱因斯坦"如此坚信黑洞不可能存在（听上去就不对，是严重错误），以至于对这个事实有顽固的心理障碍，他的同行也大多如此"。这也是"20世纪二三十年代几乎所有人的心态"。在大多数物理学家的内心深处，都希望找出一条禁止黑洞形成的物理学定律。于维多利亚时代接受教育的这些科学家，必须首先跨越自己强大的心理障碍，才有可能接受自然界中如此意想不到的事。

"黑洞和大陆漂移这两个概念在发展历程中有着不同寻常的相似之处。"维尔纳·伊斯雷尔指出，"截至1916年，两者的证据都已（多得）不可胜数，但是都在各自的发展轨道上被近乎荒谬的阻力遏制了半个世纪。"伊斯雷尔将此归咎于这样的新概念严重威胁了人们对于事物的持久性和稳定性持有的固有信仰。整个大陆像棋子一样在地球上漂荡？恒星会从空间和时间里消失？不用说，这肯定是胡说八道！

普林斯顿的老傻瓜

今天的人们对爱因斯坦的宇宙观兴趣浓厚，已很难理解那时人们的思路。这种不屑的态度发生在广义相对论遇冷期间。人们只是从远处欣赏其数学之美，广义相对论本身的价值却不受重视。理论物理学家们推崇爱因斯坦的方程（几乎把它们当成伟大的数学雕塑），但没有以任何方式积极地应用它们。纳粹上台后的德国尤其如此。作为反对"犹太物理学"的一部分，他们禁止在第三帝国讲授相对论。即使抛开政治因素，在世界各地的大学里也甚少开设广义相对论课程。即使有这门课，也将其作为数学来讲，而非物理。在当时，由于量子理论以全新的革命性的角度看待物质和能量，因而受到多数理论物理学家的追捧。除了与理论物理密切相关的领域外，事实上，爱因斯坦的引力理论并不那么受欢迎。"它被物理学其他领域的专家鄙视，甚至是憎恶。"物理学家、科学史学家吉恩·艾森斯塔如是说。因为它涉及"一些普通物理学家很难理解的棘手的概念"。它需要我们思考全新的时空概念，在某种程度上说，这对我们在日常生活中形成的常识而言是极大的挑战。"也可能同样挑战着我们的思维方式。"艾森斯塔指出。

广义相对论问世后不久就出现了有趣的故事。当时，能真正理解该理论的人寥寥无几。亚瑟·爱丁顿很喜欢讲述自己在某次皇家学会会议上经历的事。有人走过来说："爱丁顿教授，你一定是世界上仅有的理解广义相对论的 3 个人中的一个。"看到爱丁顿在犹豫，提问者继续说道："请不要谦虚。"爱丁顿则回答道："恰恰相反，我正在想那第三个人是谁呢。"

有些人认为，这种夸张的困难印象使人们对广义相对论敬而远之，从而导致了该领域的停滞不前。广义相对论差一点枯萎在藤蔓上。经过对 1919 年实验验证①的广泛宣传，20 世纪 20 年代早期的科学出版物上掀起了一股讨论广义相对论的热潮，而在此之后，人们的兴趣骤然跌落。此后近 30 年间，只有不到 1% 的物理学期刊论文与相对论有关。曾有人在一次会议上说，世界上掌握广义相对论的人"屈指可数"。虽然奥本海默在此领域有着惊

---

① 由英国天文学家亚瑟·爱丁顿的日全食观测结果所证实。爱因斯坦在广义相对论中所作的一项极为精确的出人意料的预言被成功地观察到了，这就是光线在通过恒星（即太阳）的引力场时产生的轻微弯曲。

人的贡献，但也未能改变该领域研究者持续减少的局面。甚至在
1947年担任新泽西州普林斯顿高等研究院院长后，奥本海默建议
那里有前途的物理学家们不要继续广义相对论的研究。他认为，
这是一个死胡同。当时的爱因斯坦已步入晚年，在距奥本海默不
远处的办公室工作。

归根结底，物理学家们希望的是能够与现实世界相衔接的理
论。你也许会说，量子力学已够怪诞的了，比如"似 - 波"、"似 -
粒"之类的，但为何量子力学会受到热捧，而广义相对论却遭受
冷遇呢？

这是由于量子理论与实验密切相关，丰富的实验数据支撑着量
子力学对微观尺度下物质的性质和行为的预测（尽管也很离奇）。
例如，保罗·狄拉克在20世纪20年代末预言过反物质的存在，到
了1932年，一位实验者在宇宙射线气泡室里发现了这种新型粒子
存在的证据，这听上去也很怪诞。相比之下，广义相对论只不过依
靠水星轨道进动和经过太阳时的星光的弯曲来支撑它的正确性。正
是因为这个原因，著名物理学家理查德·费曼不喜欢广义相对论。"因
为缺乏实验证据，这一领域并不活跃。极少有出色的科学家从事这
方面的研究……"在参加某个引力议题的国际会议时，他给妻子的
信中如此写道，"优秀的研究人员都活跃在别处。"

在加州大学伯克利分校的奥本海默研究团队短暂而有开创性的
工作后，整个引力坍缩理论不是仅被置于次要地位，而是束之高阁。
第二次世界大战加速了这一进程。战争使许多物理学家将研究目标
转移到对局势而言更重要的项目上，比如雷达、核物理、军事技术等。
"我们这些从事广义相对论研究的人，"曾与爱因斯坦合作过的利奥

波德·英费尔德说道，"与其说被其他物理学家所质疑，不如说是被鄙视。爱因斯坦本人就常对我说：'在普林斯顿，他们把我当做老傻瓜。'这种境况在爱因斯坦去世前几乎没有任何改变。"

第 **7** 章

恒星结局
坍缩的结果是形成黑洞

物理学家采用先进的计算机和数学技术，终于成功模拟出恒星濒临死亡时向内聚爆的过程，证实坍缩的结果就是形成黑洞。赤裸裸的实验结果，令最初执意要铲除"奇点"这一宇宙怪物的惠勒也不得不完全倒戈，成为黑洞学说的最大拥趸，更由此开启了黑洞研究的黄金时代。

作为一名有幸置身其中的物理学家，
我再也找不到如此令人兴奋的时代了。

——约翰·惠勒

古怪金融家资助的反重力研究

20 世纪 50 年代中期，在中断了几十年后，人们对广义相对论的兴趣及运用终于得以恢复。就在此时，电子自旋的发现者之一、《物理评论》杂志主编、荷兰裔美籍物理学家塞缪尔·古德米斯特目睹广义相对论研究领域少人问津的状况，考虑拟定这样一条论文录用规则：《物理评论》将不再接受广义相对论方面的论文。但由于各种原因，当时在苏联、欧洲和美国，广义相对论刚刚复苏，并逐渐呈现遍地开花的景象。其中一个原因是，太空竞赛和冷战的开始导致更多投资涌向军事相关项目，特别是在美国。有了战争中获得的经验，美国军方深刻地体察到资助所有领域的基础研究带来的巨大优势。1955 年，在狭义相对论诞生 50 周年之际，全球范围内的庆祝活动使许多物理学家欢聚一堂。他们认识到，爱因斯坦的引力研究受到了不公正的对待，本应得到更多关注。经济大萧条和"二战"后，相对论方面的论文终于度过了在物理期刊中举步维艰的时期，重要性与日俱增。理论物理学家维尔纳·伊斯雷尔说："只不过过了短短几年，人们对引力坍缩的认识就从起步迅速上升到了成熟阶段。"

相对论复苏的另一个原因则有些不同寻常，这与一位古怪的美国金融家有关。1875 年，罗杰·巴布森出生于马萨诸塞州的格洛斯特，后毕业于麻省理工学院，获得了工程学士学位。在 20 世纪 20 年代股票市场最辉煌的时期，他被股票所吸引，便运用所学的统计学知识在自己建立的股票经纪公司一展身手。尽管这种数学统计方法在当时的华尔街还非常新颖，毫无疑问是一种非常先进的技术，但这位麻省理工学院毕业生事实上对物理学情有独钟。科学史学家大卫·凯瑟写道："巴布森着迷于牛顿的三大运动定律，并试图将它们直接运用于商业趋势研究中。巴布森认为，三大定律中的第三运动定律尤为重要。"受巴布森青睐的牛顿第三运动定律通常表述为：两个物体相互作用时，彼此施加于对方的力大小相等、方向相反。对巴布森来说，这意味着正在大幅上扬的股市将会铁板钉钉地迎来某一天的暴跌。1929 年，在股市大幅下挫前不久，巴布森将自己的资金转移到安全的地方，并向客户发出警报，预言股市即将崩盘。凯瑟指出，这项举措让他"（仍）作为美国最富有的人之一安然渡过了大萧条时期"。

巴布森确信，是牛顿从金融危机中拯救了他，于是和妻子开始大量收集伟大的艾萨克爵士的原始出版物以及他曾经拥有过的书籍。这对夫妇甚至购买了牛顿在伦敦的家的整个前客厅（包括墙壁），并在他所创立的巴布森学院的一个特殊房间内重建了牛顿客厅。该学院位于波士顿近郊，牛顿客厅今天依然存在。

崇拜牛顿的巴布森后来于1948年创立了一项重力研究基金，他认为重力研究更值得物理学家的关注。该基金慷慨资助重力研究方面的会议，并设立了丰厚的奖金，对每年度发表的该研究领域内的优秀论文予以奖励。他的慷慨捐赠对人们从事引力研究无疑起到了推波助澜的作用，但巴布森的真正目的，其实是找到一种方法来克服重力。他希望人类会在某一天发现能够抵消（地球）重力的"反重力"。在巴布森的童年时期，他的大姐溺水身亡，这个阴影多年来萦绕于心，使他无法释怀。他认为，是重力将姐姐拉向了水底。既然特殊的绝缘体和防护物可以阻隔磁铁的磁性，何不找找类似的绝缘体来克服重力呢？1961年，塔夫茨大学物理系从巴布森基金会获得了一笔巨额赞助，随后以一块大石碑来纪念该善举。石碑上镌刻着这样的话：

为将重力作为一种自由的力加以利用并减少空难，为重力套上轭具吧。对抗重力的半绝缘体发现之日，就是人类的福祉降临之时。

类似的石碑多达一打，散布在美国的新英格兰、南方和中西部的数个大学校园内。凯瑟说："塔夫茨学院流传着这样的故事：友爱兄弟团时不时地联合起来，在夜色中把重量近一吨的石碑挪到其他位置，就像专和重力作对的小精灵似的。"

该基金资助的论文奖起初被视为笑料，因为它关注的是反重力，

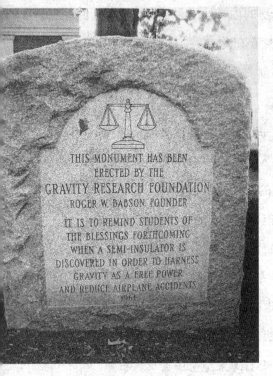

以致很多人把从事重力研究的人称为"狂人"和"骗子"。但是，当布莱斯·德维特，一位年轻的相对论学者，因为需要交付房子的按揭首付而提交了一篇重力相关的研究论文时，形势突然逆转。在这篇论文里，德维特直言不讳地指出：寻找重力绝缘体或重力反射器纯属"浪费时间"。出乎意料的是，由于这篇论文缜密而有理有据，最终该年度的奖金花落德维特头上，令他如愿以偿地得到了心仪的房子。这项奖金逐渐吸引到越来越多从事引力研究的天才物理学家的参与，他们提交的论文不可避免地转向了和相对论有关的更广阔的天地。（竞争持续进行。那个时代最著名的理论物理学家，如史蒂芬·霍金、罗杰·彭罗斯，都赢得过巴布森重力基金的论文奖。）

20 世纪 50 年代，这位基金会主席说服了另一位富有的实业家阿格纽·班森，资助北卡罗来纳大学新成立的由德维特领导的引力研究所。德维特是尝试将广义相对论应用到量子力学的先驱。为了使自己不被别人称为"狂人"，也为了确保物理学界认可他们的合法性，研究所的物理学家们在其论文中公开宣称，他们"和所谓的'反重力研究'没有任何形式以及出于任何目的的联系"。1957 年初，在成

上图 1961 年，塔夫茨大学校园内纪念重力研究基金赞助的大型石质纪念碑。（资料来源：维基共享资源）

立后仅数月，研究所便举办了一次旨在探讨引力在物理学中的作用的会议，该会议现已被视为引力研究重生的"里程碑"。

凯瑟认为："通过资助会议并设立论文年度奖，广泛地唤起对引力研究感兴趣的人们的获奖欲望和热情，这项偏离正轨的研究基金，在战后的引力和广义相对论研究的复苏上，实际上应当享有部分功劳。"

惠勒：教授相对论是为了了解敌方？

在美国，广义相对论研究复苏的中心位于普林斯顿大学。该校物理学家约翰·阿奇博尔德·惠勒从奥本海默停止的地方着手，思考坍缩恒星的命运。正由于惠勒在幕后做出的大量的竭尽全力的工作，才使古德米斯特打消了禁止在《物理评论》上发表广义相对论相关论文的念头。惠勒的学术生涯基本上是在普林斯顿大学度过的，并在此创下一项纪录：直接指导的研究生和本科生数量庞大，达到近百人，包括理查德·费曼。惠勒早在青年时代就在核物理研究方面取得了开创性的成果，但他在科学上最大的贡献则是，几十年来几乎单枪匹马地将僵滞的广义相对论拓展到宇宙研究上。

在惠勒的指导下，广义相对论获得了新生。他鼓励自己的学生和博士后小组探寻那些对了解宇宙有意义的巧妙的解决方案。正如惠勒所说，他试图改变那些"独腿人"——这些人除了相对论外一无所知。他期望把广义相对论从象牙塔里解放出来，让现实世界中的观测与之接轨，让自己的学生学会两条腿走路。当有人向他提及"相对论主义者"这个词语时，惠勒回答道："并非如此！他们仍是物理学家。"

在随后的几年，惠勒一直深入地研究广义相对论，并发表了许多论文。这些论文加上他的教学笔记，成为一系列获得盛誉的相对论著作，其中有些是他与学生们合作完成的。由此，惠勒成为美国广义相对论研究领域的领军人物。在惠勒于 2008 年去世时，弗里曼·戴森指出："惠勒最先知道，黑洞不仅仅是爱因斯坦的引力理论结出的奇特果实，而且也是真实存在的，并且在宇宙的演化中扮演着至关重要的角色。"

惠勒于 1911 年出生于佛罗里达州，在农场长大。父亲曾是一位图书管理员，从事过多种职业。惠勒从小就显示出数学方面的天赋，中学时自学了微积分。他喜欢机械、电子和炸药。在佛蒙特州自己家里的农场度假时，惠勒因为玩雷管差点失去一根手指。

1927 年，惠勒 16 岁，被约翰·霍普金斯大学录取并获得奖学金。他最初选择的专业是工程。"我想在这个世界上走出属于自己的路。"多年后他回忆道，"在那个时代，说起'物理学'就像在说'陶器制作'，似乎不但过时而且无用。"但物理学中不断涌现的新知识，如量子力学、原子物理和核物理学，令他深受吸引，无法抗拒。"毫不夸张地说，那个时代像一座分水岭。"他写道，"经典理论所诠释的连续性、确定性、稳定性和永恒性被摒弃，取而代之的是各个领域涌现的崭新观念。量子力学展现了不确定性、不连续性和波粒二象性；相对论则认为，时空是宇宙的演员而非舞台。基于相对论的天文学发现：宇宙正在不断地膨胀，而非一直静止不变；宇宙的生命是有限的，而非永恒。作为一名有幸置身其中的物理学家，我再也找不到如此令人兴奋的时代了。"

　　惠勒的大学学业进展迅速，甚至在获得学士学位和硕士学位后仍没有减速的迹象。仅用 6 年，他就从大学一年级读到了博士。"我有幸搭上了直飞航班。"他喜欢这样说。1933 年，仅 21 岁的惠勒完成了主题为氦原子对光的吸收与散射的博士论文。获得博士后研究员职位后，惠勒去了有"物理学梵蒂冈"之称的哥本哈根，在那里有机会见到几乎所有物理学界的大人物，而这些大人物们也像朝圣一般来到这座城市，只是为了与量子力学大师——尼尔斯·玻尔一起研究核物理。惠勒在物理学界引起的第一次震动即是因为与玻尔1939 年共同发表的一篇论文，该论文提出了原子核裂变的液滴模型理论，对理解核裂变至关重要，后在原子弹的研制中发挥了重要作用。他们在该论文中预言，铀 235 和钚 239 特别适合维持链式反应。鉴于这段经历，惠勒后来参与到"曼哈顿计划"和氢弹的研制中便不足为奇了。但是后来，是广义相对论，而非核物理，成了惠勒生命中的至爱。在叙述这个转变是如何发生的时候，他说："终于，我接到了一个想要的电话。"

　　当相对论叩响人生之门时，他清楚地记得那个确切时刻。1952年 5 月 6 日，普林斯顿大学——自 1938 年以来他一直在此任教，下午 5 点 55 分，他抓起一个新的封面为黑色、带红色皮革包边的笔记本，用蓝色自来水笔在第 1 页上写下日期和当时的想法。（在他的职业生涯中，他更喜欢钢笔而不是铅笔。）惠勒在日记中写道，就在半个小时前，从系主任打来的电话中得知，他要教授相对论了。这是该大学的物理系第一次开设这门课程，他把这个笔记本编号为"相对论 I"，随后多年使用的笔记本皆据此依次编号。"答应教授相对论的原因很简单，那就是我想学习相对论。"惠勒后来解释道。

约翰·阿奇博尔德·惠勒（资料来源：美国物理研究所埃米利奥·塞格雷视觉档案室）

黑洞告诉我们，空间可以像纸那样被揉起来直至揉成一个小纸团，而时间则会像吹爆的气球那样消失；所有被我们尊为神圣的物理定律似乎亘古不变，其实不然。

——约翰·阿奇博尔德·惠勒

战争结束后，核物理与粒子物理领域一直在不断演进。对于惠勒来说，这些领域似乎"倾向于复杂的 π 介子丛和无数其他粒子。我开始意识到，在广义相对论这座矿藏中，可能有更多的金子等待发掘"。比如，他一直在思考，在最微小的层面上，弯曲空间是否可视为他一直研究的基本粒子活动空间的建筑材料。

阻止恒星末日

这是一个极其大胆但很有价值的转变。作为相对论研究领域的新人，惠勒用不知疲倦的眼睛和饱满的热情看待长达数十年的理论问题。虽然他最初对相对论也有一些偏见，但并不为人们过去的评判所累。在读奥本海默和他的学生 1939 年所写的那篇经典论文时，惠勒对奇点感到非常困惑。这是大质量恒星的真实命运吗？"我正在寻找一条出路。"惠勒说，"在最微小的层面应当发生了新的事件。我觉得，这将防止恒星的全面坍塌……我相信大自然憎恶奇点。"奇点并不得他喜欢。对奥本海默的微妙态度可能也在起作用："他似乎很喜欢展示自己的聪明才智，坦率地说，就是炫耀。他从不表达谦卑，也不展现怀有疑问或者困惑的一面……我总觉得，对他的论文我必须保持清醒。"

在试图排除奇点方面，惠勒并不想固执己见。他觉得，只要解开这个谜题，就可能诞生新的物理学理论。无人知晓引力是如何作用于非常小的区域的，如在一个原子的尺度上，这是清查场地的一种手段。在恒星的生命行将终结时，其内核被挤压得越来越小，这意味着什么？物质消失了——是进入另一个空间、时间了？还是变成一种新的、当前的物理定律尚未构想出的极小状态呢？

由于有核物理方面的背景，惠勒开始思考质子。从粒子的外部看，似乎质子的电场是从一个点发散出来的，但现实中质子仍拥有一定的体积。也许一颗恒星的所有质量正坍缩进一个非常非常小的体积内，其状态尚不为人所知；或者坍塌恒星在向内收缩的同时，猛烈地向外喷射出质量和能量，"直到它变成灰烬，小到不能进一步坍缩了"，惠勒若有所思地说。

这种不愿进入黑洞阶段的逃避机制风行了数十年。恒星在其生命的最后阶段，经历了一场类似于烟花的盛大表演后，喷射掉足够多的质量，从而避免其在引力坍缩中无可挽回地成为奇点。但对另一些物理学家来说，这个说法"就像迷信"，是为了逃避面对不可想象的事物的权宜之计。

通过教授广义相对论课程，惠勒希望自己对"敌方"能够了解更多，从而找到适当的方法来避免恒星最终的世界末日。惠勒的想法不无道理：奥本海默和斯奈德采用的是尽可能简化的恒星模型。为了使计算更容易，奥本海默和斯奈德既未考虑恒星的旋转，也未考虑压力或冲击波的存在。也就是说，他们采用的是理想状态的恒星模型，但并不真实。要是某个未被考虑的力介入了，从而阻止了奇点的形成过程，一切又将如何？

惠勒思考了所有避免恒星末日发生的可能，开始用数学方式对这些可能逐个进行彻查。惠勒也喜欢与学生们共事，这一点很像奥本海默。惠勒承袭了他的导师玻尔的研究风格："与同事进行自由会话式的交谈，提问、回答，再提问、再回答，这样多个回合，并且提问的时候更多。我总强调下属同事工作上积极的一面，给他们应有的荣誉。"事实正如他所说的那样,他对荣誉非常慷慨。与学生合写的论文即便是他做了更多的工作,署作者名字时也总是依字母顺序排列,这是他的规则。他的名字以"W"开头,这意味着他的学生被署为"第一作者"的概率很大,而"第一作者"是文献界极为看重的荣誉。

惠勒要求学生们像自己一样勇敢无畏。虽然他在政治上很保守,在行为举止上也很温文尔雅,总是保持着绅士风范,不过在学术上,惠勒从不畏惧冒险。他热衷于尝试各种各样的想法,无论这些想法看起来有多疯狂。他甚至曾经考虑过,要写一本名为《还不够疯狂》的书。他曾经的学生罗伯特·福勒指出,这种开明的风格使惠勒作为一个物理学家与众不同。他有这样一种能力:在不喜欢奇点的同时仍着迷于它出现在方程里的事实。"他对各种思想兴致勃勃,愿意考虑任何事物的反面。"福勒说,"这是从他的导师尼尔斯·玻尔那里继承来的。玻尔总说'任何深刻真理的反面也是一个深刻的真理',惠勒一有机会就引用这句话。"他给任何相反的假设以充分的重视。就像马克斯·普朗克1900年发明"量子"一词以解决当时热力学上的紫外灾难那样,惠勒怀疑,史瓦西奇点的出现暗示了基础物理突破点的藏身之处。

于是,惠勒在普林斯顿大学的团队开始了在引力坍缩方面的研究,延续并拓展了奥本海默和他的学生已有的研究。在这个领域,普林斯顿的学生们具有决定性的优势,因为,集数学分析仪、数字积分器和计算功能于一身的世界上第一种数字计算机之一——MANIAC,就在附近的高级研究院,这将大大减轻他们在数学计算方面的负担。该团队早期的一项研究成果是在1958年比利时召开的一次国际性物理学会议上公布的。惠勒和他的学生肯特·哈里森、雅美若野认为，坍缩的恒星喷射出大量的光和物质后会自救，最终安定下来，成为一颗稳定的白矮星或中子星。是的，惠勒告诉听众，像奥本海默一样，他们认同质量为两个太阳的恒星会向内聚爆，把质量挤压到极度致密，但恒星会以与宇宙失联的方式终结自己吗？不，惠勒坚定地回答道。将恒星从荒谬中拯救出来的方法是，恒星会让中心的基本粒子转变为辐射，以某种特殊的方式，如"电磁、引力或中微子，或三者的某种结合。在高压下，大量质量转化为自由中微子，这种震撼的画面呈现出梦幻般的场景"，该团队在报告中这样说道。这个过程允许足够多的质量逃逸，随后恒星进入稳定状态，但形成的也许仅仅是中子星，而非奇点。那时，尚未出现可以完全解释这种机制的物理学，也没有什么理论足以证明这种设想是绝对行不通的。引力是如何作用于不大于一个基本粒子的量子层面的？这是一个巨大的谜团。普林斯顿团队指出："这是一片处于基本粒子物理学和广义相对论之间的尚未开发的领域。"

奥本海默当时就坐在观众席中。在惠勒演讲结束时，他发了言，有礼貌地表明了自己的不同意见。为什么要把所有希望寄托在新的物理学领域？"在经历了持续的引力收缩后，恒星最终会逐渐隔断与宇宙其他物体之间的联系。"他坚持自己的主张，"关于超过质量极限恒星的命运，难道最简单的假设不应是这样的吗？"奥本海默认为，整个事情已在他 1939 年的论文中解决了。但到那时为止，惠勒仍未被说服。"很难相信'引力隔断'说是一个令人满意的答案。"他是这样回答奥本海默的。像之前的爱丁顿一样，惠勒希望从理论角度抹掉宇宙脸上丑陋的奇点。

但随着进一步的研究，惠勒和他的学生们很快发现，一颗大质量恒星不会像他们之前描述的那样停下坍缩的脚步，因为他们的辐射模型不再适用。确定这一点后，惠勒开始考虑他的列表中的下一项：电磁力。类似电荷的粒子之间的排斥力可能会强大到足以阻止恒星的进一步坍缩。但是，他们的计算再次证明，面对电磁力，坍缩中的物质的引力仍占优势。

1962年，基普·索恩加入到惠勒团队欣欣向荣的研究中。索恩之所以选择普林斯顿大学，就是为了师从惠勒。他清楚地记得，在进入惠勒办公室时，他被视作受人尊敬的同事受到了热烈的欢迎，而非一名寻求论文选题帮助的"新研究生"。针对那张惠勒列出的关于引力坍缩悬而未决问题的列表，他们就排在前几位的问题进行了彻底的讨论。"我加入到惠勒团队仅仅一个小时后，思想就发生了翻天覆地的改变。"索恩后来回忆道。

殊途同归——黑洞与冻结星

苏联的理论物理学家们，特别是雅科夫·泽尔多维奇，在这方面的研究早已先行一步。在惠勒之前，西方物理学家们在很大程度上相当无视引力坍缩方面的论文。维尔纳·伊斯雷尔指出："在西方物理学界，奥本海默和斯奈德的成果就像被遗忘的柜中骷髅……被视作最狂野的想法而遭摒弃。"但苏联人很早就接受了这篇论文。该论文被朗道列入了他的"黄金列表"，因而引起了苏联人的关注。朗道还在一本与他人合著且被广泛采用的苏联教科书中加入了奥本海默和斯奈德的研究成果。这本1951年出版的教科书中有这样的描述：如果一颗恒星质量足够大，"该天体一定会无限坍缩下去"。在苏联，没有人对朗道的智慧有丝毫怀疑。朗道是如此受人尊敬，以致苏联的物理学家们将持续的引力坍缩视为理所当然的事。

和惠勒一样，泽尔多维奇也有核物理方面的工作背景。高中毕业后，他就开始从事实验室助理工作，开展了一些令人赞叹的研究。通过自学，他学习了大量化学和物理学知识，因而二十岁出头时即被授予博士学位，尽管他从未到正规大学上过课。后来，他加入了苏联研制第一颗原子弹及第一颗氢弹的团队，成为"两弹"元勋之一。事实上，天体物理学方面的知识对他研制"两弹"帮助很大。在深入学习了朗道撰写的一本关于气体动力学的书后，他和包括安德烈·萨哈罗夫在内的队友们逐渐认识到，"恒星物理学和核爆物理学有很多相通之处"。

正如索恩指出的那样，无论在西方还是东方，先驱人物常常也烙上了鲜明的"智慧传承者"的印记。"惠勒是一位魅力四射、善于鼓舞人心的智者。"索恩说。惠勒时常会提供一些总体思路，但他更是极力鼓励学生成为独立的研究者，当然在他们需要的时候，他也会提供建议。如果学生们的研究花费了很长时间，对他来说也并不意味着什么。

和惠勒相反，"泽尔多维奇是一个组织严密的团队中咄咄逼人的教练"。索恩继续说。每个团队成员都积极地参与对同一课题的探讨，努力跟上泽尔多维奇新颖而智慧的步调。团队领导和所有成员都有功劳。惠勒和泽尔多维奇分别向下一代广义相对论学者传递着他们独特的风格和方法，正是他们的学生，把黑洞研究带入了黄金时代。

对这两个团队而言，研究的转折点出现在 20 世纪 60 年代中期。物理学家采用和研制核武器所用的同样先进的计算机和数学技术，终于成功模拟出恒星濒临死亡时向内聚爆的过程。索恩回忆道，有一天惠勒冲进自己上相对论课程的教室，宣布了这项模拟实验的最新结果。该实验由首席专家斯特林·科尔盖特和理查德·怀特殚精竭虑，于加州利弗莫尔国家实验室共同完成。惠勒时常前往利弗莫尔实验室，密切关注他们的工作进展。"当恒星的质量远远大于形成中子星的两个太阳质量极限时，尽管有压力、核反应、冲击波、热以及辐射等因素的影响，但坍缩的最终结果是形成黑洞。黑洞的诞生

与大约 25 年前奥本海默和斯奈德采用高度理想化模型简化计算的结果非常相似。"索恩说。如果恒星内核足够重的话，整个宇宙中没有任何力量可以阻止引力创造出黑洞。

上图　雅科夫·泽尔多维奇（资料来源：美国物理研究所埃米利奥·塞格雷视觉档案室）

与此时同，苏联的泽尔多维奇也发现，弹头设计方面的技术同样可用于模拟恒星的坍缩过程。冷战时期，美苏双方的科学家对这一点都心知肚明，但谁也不敢和对方讨论弹头的设计技术。"我与（泽尔多维奇）有过很多讨论，但即使在华沙到莫斯科的火车上，我们待在同一个卧铺车厢，也从未谈论过这个话题。"惠勒回忆道。"有

一天，泽尔多维奇在黑板上写下用来描述恒星内部聚爆过程的一个公式时，他向我眨了眨眼，我也向他眨了眨眼作为回应。他和我都知道，这个公式来源于弹头设计。"这项与弹头密切相关的在苏联独立进行的计算，与西方得出的答案完全相同。黑洞的产生不可避免。

有这样的证据在手，惠勒彻底颠覆了自己之前对奇点设想所持的否定观点。从某种程度上说，惠勒原本决意铲除黑洞这个宇宙怪物，而现在却完全倒戈，成为黑洞学说的最大拥趸。的确是理论方面的深思熟虑和计算机模拟运算的结果最终说服了他，但更为攸关的是，如何以新的方式看待黑洞。

如果从非常遥远的地方观测恒星的坍缩，你永远不会看到恒星完全收缩成体积为零的过程。根据相对论提出的时间膨胀效应，当恒星的坍缩抵达临界圆周区域——视界时，你能看到的只是恒星表面"冻结"在那儿。为何会这样呢？正如爱因斯坦很早以前就在其广义相对论著作中指出的那样，在引力场中，时间会慢下来[①]。恒星在坍缩过程中质量变得越来越密集，引力场越来越强，光子的逃逸需要更长的时间。而我们正是借由这些逃逸出的光子，方能知晓恒星的状况。当恒星收缩到视界大小时，我们若想观察到它下一步的任何变化，将需要无限长的时间——时间停滞了。如同一台电影放映机，放映速度越来越慢，直到它停止，停留在一帧图像上。这也是为何苏联科学家给这样一颗会坍缩为黑洞的恒星取名为"冻结星"的缘故。

[①] 根据广义相对论，爱因斯坦预测引力和时间之间存在密切关系：引力场会拖时间的"后腿"，让时间放缓。引力越大，时间就会过得越慢。

将黑洞视界上发生的事视觉化

但这并不意味着恒星的坍缩抵达视界时就真的被冻结住，不再继续演化了。从它自身的参照系（不是从远处观测的我们的参照系）来看，极为迅速的坍缩导致恒星的完全毁灭。如果你被用魔法转移到恒星上，随着这种迅疾的向下坍缩，你会在刹那之间穿越视界。两个不同的参考系描绘的结果大相径庭，因为所处的空间和时间并不相同。"你无法想象，以人类的思维理解这两种情形同时都是真实存在的有多么困难。"苏联物理学家叶夫根尼·利夫希茨对基普·索恩如是说。

但在 1958 年，大卫·芬克尔斯坦，新泽西州史蒂文斯理工学院一位名不见经传的年轻物理学家，发现了一种能够同时涵盖不同观察角度的全新的参考系[①]。这是一个崭新的视角，如果你愿意这么想的话。它让物理学家们能够想象，坍缩的恒星对遥远的我们来说看起来像是冻结的，但是从黑洞自身的角度来看，仍是向内完全聚爆的。事实上，等离子体物理学家马丁·克鲁斯卡尔更早得出了类似的结论。20 世纪 50 年代中期，他加入了一个由普林斯顿大学同事组成的自学广义相对论的小组，在此期间，他找到了一个比芬克尔斯坦后来展示的更广泛的框架[②]。但看到惠勒对自己推导出的新框架并不感兴趣，克鲁斯卡尔就将其扔在一边。过了几年，惠勒方才如梦初醒，意识到他的冷漠是极其糟糕的疏忽。惠勒很快撰写了一篇相关论文，并以克鲁斯卡尔为第一作者（这

---

① 这是爱因斯坦方程的一个解，在远离恒星的地方描述了远处的静止观察者，而在恒星附近则是随着恒星表面一起下落的观察者。

② 克鲁斯卡尔找到的另一个解，不仅覆盖了芬克尔斯坦时空，还多出来一个对称的部分，只是时间方向反了过来，这个部分就是白洞。

让克鲁斯卡尔吃惊不已），于 1960 年发表。

最终，芬克尔斯坦和克鲁斯卡尔的解释让理论物理学家们更容易视觉化所发生的一切：无论是从地球上我们熟悉的观测点来看，还是在空间上距我们极其遥远的黑洞视界上，在同一瞬间，奇异的相对效应显现。这使惠勒团队的研究成果更容易被理解，同时，在那些传统上被认为采用相对论不可能解决的问题上打开了局面。"那时，引力领域几乎是牛顿理论的天下。"科学史学家吉恩·艾森斯塔说，"克鲁斯卡尔的解释在小小的曾经死气沉沉的'相对论村子'里引起了轰动。"

1962 年，在普林斯顿大学与惠勒共事的查尔斯·米舍内尔招收了一名本科生，名为大卫·贝克多夫。贝克多夫在撰写毕业论文时，米舍内尔让他采用这些新的数学工具，从根本上重做奥本海默和斯奈德曾做过的计算。米舍内尔说，贝克多夫的论文是首篇对正在向内聚爆的恒星的外部空间进行描述的论文，不仅如此，这篇论文还展示了物质是如何穿越视界向内跌落的。"即使你发射一艘以光速飞行的自杀式飞船，试图赶上恒星的坍缩和物质向视界内的跌落，恐怕你还是会功败垂成——你得比光速快才行。"米舍内尔解释说。如此生动的描述并未出现在奥本海默和斯奈德的论文中。在米舍内尔的指导下，贝克多夫给出了一种全新的描述黑洞的方式。

在此之前，物理学家和相对论学者在引力坍缩研究方面只关心恒星物质：恒星物质发生了哪些变化？它的最终状态是怎样的？米舍内尔说："恒星不见了，剩下的是黑洞。以前人们关注的是恒星的命运，但现在我们看到有东西形成了。黑洞在那里，还在起作用。它不仅仅是恒星的墓地。"这对惠勒来说也是一个转折点。这个新观点让惠勒和其他人将黑洞视为真实存在的物体，即使恒星现在隐藏在视界之后。

至于"视界"这一词语，是由康奈尔大学物理学家沃尔夫冈·伦德勒于 1956 年首次提出的。当时，伦德勒只是在他的研究领域内使用该词语，将其用于宇宙论模型中。在视界这一边的事件可以被我们观察到；在视界另一边的事件，伦德勒说，"永远在（我们的）观察能力之外"。在宇宙学研究范畴内，在不断膨胀的宇宙中，天体飞过可见宇宙的边界。在那遥远的仍在膨胀中的宇宙边界处，发出的光波随着宇宙的不断膨胀，永远不可能到达我们这里。视界也是一个可以清晰描述史瓦西奇点的完美概念。一个物体一旦进入视界内部，我们从视界外部就再也不可能看到它。因而到了 20 世纪 60 年代初，在谈及恒星坐缩后形成的外边界时，天体物理学家也开始使用这个词。

黑洞无毛

受这些成功解释黑洞的新成就的鼓舞，苏联、美国、英国和欧洲大陆上的物理学家们开始更细致地研究黑洞的特性。他们审视了所有黑洞可能存在的特性。比如，当视界出现时，坐缩恒星的磁场是如何变化的？答案是：在恒星垂死前，它原本存在的磁场突然像橡皮筋一样"啪"地拉断了。从视界外部看，茕茕孑立的黑洞根本没有磁场。

要是坐缩中的恒星发生畸变，一切又会如何？自然界中没有完美的存在，也许恒星上哪怕一个轻微的碰撞或膨胀，都会使坐缩停止。到那时为止，模拟实验通常采用外形为标准球形的恒星，这也许会错误地导致虚拟恒星坍缩到计算机计算范围内，形成奇点。一段时间内，恒星形状的影响似乎成为物理学上阻止奇点形成的救命稻草。1961 年，两名苏联人，叶夫根尼·利夫希茨和伊萨克·卡拉特尼科夫，似乎已经证明，不规则的恒星形状会带来不同的坍缩结果。他们在模拟实验中采用了一颗凸凹不平的恒星，结果发现，这颗恒星的某些区域坍缩的速度比其他区域快，恒星内核对不同区域的反弹力也不尽相同，从而阻止了奇点的形成。他们甚至认为，奇点在真实的宇宙中永远无法形成。但事实并非如此。几年后他们才发现计算过程中的一个错误，修正后便得出了截然相反的结论：无论恒星起初是什么形状，坍缩都无法阻止；而最终形成的黑洞的视界别无二致，一样均匀。

解决了一个又一个问题后，相对论学者们得出了一个不容否认的结论：不管恒星在引力坍缩前的形状如何，坍缩后所有的区别性特征都会消失——仅留下 3 条信息。这 3 条信息是：原恒星剩余的质量、黑洞的自旋及电荷（尽管这些电荷很可能因从周围环境中吸引等量的相反电荷而被中和）。正如约翰·惠勒喜欢说的："黑洞无毛，没有什么特定的属性使一个黑洞看起来不同于任何其他黑洞。从视界外部观察，我们无法辨别某个黑洞是由中微子创造的，还是由电子或质子创造的，或者是由贵重的古董钢琴创造的也不一定。"我们也不可能分得清创造黑洞的前身恒星是黄色的、皱巴巴的，或是点缀着波尔卡圆点的。黑洞就是黑洞，一个黑色的洞。

在神秘莫测的视界后面，恒星每一个独有的特征都消失不见。引力坍缩后的天体根本不应被视为冻结星，把它比喻为肥皂泡可能更恰当——纯粹的引力场，仅具有质量、角动量和电荷属性。奇点本身不会被观测到，它永远隐匿在视界之后。

宇宙中真实存在的这样一种物体竟如此简单，仅需 3 个物理量就能描述清楚，这令所有人目瞪口呆。这意味着，黑洞和电子或夸克一样，是一种基本的实体。"优美"、"简洁"，钱德拉塞卡在其诺贝尔奖演说辞中，以这两个词汇来描述黑洞。

为了确定黑洞的每项特性，许多年来，一批又一批学生深入到这些问题的各个细微方面。但仍有些人认为，也许某一天，会出现某种阻止黑洞形成的事物。但什么也没有出现。"恒星内核的物质好像 1000 个尼亚加拉大瀑布的水，从四面八方倾泻而下，恒星的体积从原来的大小瞬间缩到无限小。"惠勒于 1968 年写道，"在不到十分之一秒的时间内……坍缩完成了。人们几乎什么也看不到。"

罗杰·彭罗斯提供了有力的证据，力挺惠勒的论述。彭罗斯是英国最有影响的理论物理学家之一，曾设计了一些出色的拓扑学和几何学工具，以回答和黑洞相关的物理学关键问题。彭罗斯的专业是数学而非物理学，但在 20 世纪 50 年代末，当他在伦敦听完芬克尔斯坦的一次讲座后，对相对论奇点产生了浓厚的兴趣。"我从伦敦回到剑桥时，对广义相对论仍知之甚少。"彭罗斯说，"但我试图证明奇点是不可避免的。在我看来，这也许是一个普遍的特性。"但他说，与此同时，在他心目中，奇点似乎也有点"荒谬和神秘"。在接下来的几年里，他一直时断时续地研究这个问题，最终，他在1965 年的《物理评论快报》上发表了一则定理，该定理被一些科学家誉为"爱因斯坦广义相对论理论建立 50 年以来最具影响力的发展"。彭罗斯在不到 3 页的纸上证明，完全引力坍缩与奇点形成密不可分，这项成就比利夫希茨和卡拉特尼科夫找出他们计算中的错误还早 4 年。他着实花了一段时间才说服所有人，因为他采用的是大多数物理学家并不熟悉的数学方法。然而基本信息明白无误：只要有完全的引力坍缩，就无法在最终不出现奇点。彭罗斯的论文还指出：恒星的形状偏离球形对称并不能阻止时空奇点的出现。（也就是说，到那时为止，黑洞物理学家们还没有把量子力学考虑在内。详见第 12 章。）

惠勒认为，彭罗斯清楚当时的物理学界对奇点的形成颇有非议，但还是相信，只要恒星的质量足够大，完全的引力坍缩不可避免。"恒星的内核像柴郡猫①原本的样子一般从我们的视野中消失了。柴郡猫只留下笑容，黑洞只留下引力。"惠勒说。我们目前所知的所有物质的强度和稳定性与不屈的引力之间的对抗，最终都将导致意料之中的结果。恒星的质量从我们的视野中消失不见，只留下巨大的引力，仍在冥冥中影响着我们。

最后一个逃生出口

然而，惠勒还试图向人们灌输黑洞概念中更令人忐忑之处。他认为，随着物质的坍缩，恒星的密度会上升得越来越快，直至在不到一秒钟的时间内，密度上升到无穷大。"有了密度无穷大的预测，"惠勒写道，"经典理论至此无路可走。将事情引向无穷的预测不能成其为预测。肯定有什么地方出了问题……无穷是一个信号，说明有重要的物理效应未被考虑在内。"

---

① 英国柴郡曾盛产干酪，当时的人们喜欢把干酪做成咧嘴笑的猫的形状，此后人们心目中的柴郡猫的形象都是笑着的。

这个过程一定缺失了什么。惠勒指出，也许只有当广义相对论与量子理论成功融合时，才能找到答案。后来确实出现了这样的理论，即今天我们所称的"超弦理论"①或"圈量子引力"②设想，最新的尝试是将引力控制下的宏观世界与量子控制下的微观世界联结起来。量子－引力理论物理学家还未能得出确定的解决方案，但他们确信，黑洞内一定发生了什么事，以致量子效应最终阻止了奇点的形成。

时间到了 20 世纪 70 年代初，阻止黑洞形成的最后一个逃生出口依然存在：脉动。在计算机模拟实验中，研究人员发现，黑洞也会振动。从某种意义上说，这种振动就像铃铛被敲响时的振动。假设通过获取黑洞的能量，这种脉动变得不稳定，那么当脉动越来越剧烈时，黑洞会被撕裂吗？最终的答案很明确：不会。额外的能量会作为引力波从黑洞里辐射出去，在时空结构中激起涟漪——黑洞仍然完好无损。

在那个时代，对于一个研究物理学且处于学术上升期的学生来说，选择研究和恒星坍缩相关的相对论问题假若不是愚蠢的，那必定是勇敢的。人们不相信恒星会发生任何类型的坍缩。索恩记得，在 20 世纪 60 年代早期，自己就被告诫过，广义相对论与"真实的

---

① 超弦理论从弦理论发展而来。弦理论认为，所有亚原子粒子都并非小点，而是类似于橡皮筋的弦；它们与粒子的唯一区别在于弦振动的频率差异。弦理论主要试图解决表面上不兼容的两个主要物理学理论——量子力学和广义相对论，并欲创造描述整个宇宙的"万物理论"。

② 圈量子引力的主要物理设想以广义相对论和量子力学为基础，而不附加任何额外的结构。作为一个数学上严格的不依赖于背景的理论框架，它成功地贯彻了广义相对论的本质思想，导出了时空的不连续性，与物质场的耦合给出了不发散的结果，并且提供了研究量子黑洞物理和量子宇宙学的严格的理论框架。

宇宙并无多大关联……人们应该从别处寻找有趣的物理挑战"。庆幸的是，索恩并没有理会这些怀疑论者。那些反对者很快发现，广义相对论正是天体物理学特别需要的理论，并且在该领域大显身手，广泛适用。在很大程度上，这是因为，当惠勒、泽尔多维奇等人忙于应对引力坍缩理论和广义相对论的复兴时，天文学本身也在进行着类似的革命。就在此时，观测者开始收集到一批在可见光范围以外的天体辐射，从而导致了意想不到的新发现，迫切需要获得解释。

第 **8** 章

宇宙之音
以崭新的方式发现宇宙

　　一位普通的贝尔实验室职员，无意间听到了来自宇宙深处的声音，这对天文学来说意味着什么？科学家终于找到射电星对应的发光体，甚至获得了其光谱，但却为何难以破解令人费解的光谱背后的语言？类星体能在极小的区域内，喷涌出相当于太阳十亿倍的能量，这种巨大能量的来源究竟是什么？

这是我所见过的最不可思议的光谱。

——艾伦·桑德奇

詹斯基：第一位窃听宇宙声音的人

　　20世纪，出现了一门崭新的天文学——射电天文学。其发祥地颇不寻常，那是一片位于新泽西州中部的马铃薯地。20世纪30年代，卡尔·詹斯基在霍姆德尔小镇附近搭建了一台独一无二的无线电接收机，这一举动使天文学摆脱了对可见光的依赖，获得了超越人眼可见范围的窄带电磁波谱，并由此引领天文学走向黄金时代，蓬勃发展至今。不过，正如天文学的发展历程中常见的那样，开展这项研究的真实目的和最终达成的结果几乎风马牛不相及。

　　1928年，这位年轻人22岁，刚从大学毕业并获得物理学学士学位，随后被贝尔电话实验室骋任，受命对跨大西洋无线长波通信中出现的干扰信号进行调查。为了追踪干扰源，他搭建了一架可控天线——由木质框架

支撑的细铜管天线网。木质框架安装在福特T型车的轮子上，由发动机驱动，并围绕着环形水泥轨道转动。这就是霍姆德尔小镇上广为人知的"詹斯基旋转木马"。

在天线搭建完毕后不久，詹斯基就查出，在影响无线电话通话的静电干扰中，表现为咔哒声和哔啵声的干扰源是雷暴。但除此之外，詹斯基还持续地监听到一种稳定但较弱的嘶嘶声，频率为20兆赫（美国AM和FM波段之间的频率）。他试图找到这种干扰的来源。经过一年的反复监测，他于1933年初终于确认：这种发出嘶嘶声的无线电波的干扰源并非地球大气层，也不是我们的恒星太阳，甚至不是太阳系中的任何位置，而是射手座①方向，即银河系中心所在的位置。这个发现令人惊讶。詹斯基将这种信号亲切地称为"恒星噪声"。他认为这暗示着，在距我们大约两万七千光年远的银河系中心，正悄然发生着某种改变，但人类却未能观测到任何来自该区域的可见光。与可见光不同，无线电波

上图 卡尔·詹斯基和他的"旋转木马"——具有历史意义的天线。詹斯基发现了来自银河系中心的无线电波，由此开启了射电天文学这一崭新的领域。（资料来源：阿尔卡特－朗讯美国公司）

① 也称为人马座。

可以像雷达信号那样穿越星际尘埃和气体，因而詹斯基才得以接收到这份来自遥远星球的礼物。

这项重大发现连詹斯基本人也始料未及。1933 年 5 月 5 日的《纽约时报》将之作为头版头条进行了重点报道，这篇报道还顺便打消了读者可能存在的疑问：来自银河系的无线电波"可不是某种智能生物试图进行星系内沟通的结果"。10 天后，美国全国广播公司旗下的公共事务部门，即原来的蓝色广播网[①]，通过广播电台在全国播放这个电波信号，让听众亲耳聆听宇宙的声音。一位记者称，这声音"听起来就像蒸汽从散热器中扑出来一样"。

詹斯基于 1935 年提出预测：这种静电干扰要么来自银河系中心区域的大量恒星，要么来自"带电粒子的某种热骚动"。这和事实的真相相当接近。多年以后，天文学家终于证实，这种恒星噪声来源于银河系磁场中强烈的电子螺旋流。就像电流在地面广播天线内来回振荡，把无线电能量释放到空中一样，这些（带电的）高能粒子把无线电波传播到宇宙中，其波长远远大于可见光。詹斯基是第一个探测到它们的人。也可以说，他是地球上第一个"窃听"宇宙声音的人。

尽管该事件得到世界性的广泛关注，但极少有天文学家赞赏詹斯基用耳朵去"听"宇宙的这种崭新的方式。大多数科学家仍然习惯于使用透镜和反射镜，而不是无线电设备。"分贝和超外差式收音机接收器的世界……与双星轨道和恒星演化的世界根本不搭界。"科学历史学家伍德鲁夫·沙利文如此解释当时科学家们的看法。贝尔实验室并没有跟进这项研究，因为天文学领域不在其

---

① 蓝色广播网是美国广播公司（ABC）的前身，当时拥有 116 座附属广播电台。

业务范围之内。詹斯基也忙于处理公司指派的其他商业问题，无暇继续该研究。但是，从这位普通的贝尔实验室员工的创新性工作中，一位特殊人物得到了启迪，他就是格罗特·雷伯，一位伊利诺伊州的无线电工程师兼业余无线电通讯员。

雷伯在自家后院搭建起巨大的"钢铁镜"，那是一个 9.14 米宽的碟形天线，开始拓展詹斯基的工作。雷伯发现，宇宙天体发射的无线电波沿银河系的平面方向最为强烈，于是把这项成果于 1940 年寄给了《天体物理学》杂志。事实上，这是该杂志收到的第一篇射电天文学方面的论文。在仅有的一位具有远见卓识的编辑的坚持下，该论文才未被拒刊。4 年后，雷伯绘制了第一张"无线电星空"全景图。

从这张图上可以看出，（无线电波）最强峰值出现在银河系中心，次峰值为朝向天鹅座和仙后座的方向。

此后适逢第二次世界大战，该研究基本上没有进展。但"二战"以后，射电天文学迅速崛起。事实上，战争本身是这个崭新的学科迅速发展的原因之一。在战争期间，欧洲、澳大利亚和美国的很多年轻物理学家和工程师在从事雷达研发工作时，接触到了只有少数人才能掌握的无线电科学技术。

战争结束后，这些年轻人渴望将掌握的新知识应用于射电天文学，以继续两位先驱的研究。他们想精确定位那些发出神秘无线电信号的天体。对于这些先行者来说，射电星空如同一张白纸，等待着（他们）尽情书写。

接踵而来的系列新发现令人目不暇接，最终成就了"伽利略以来天文学史上最丰富多彩的时代"。

射电星的巨大不明能量源

从那时开始，射电望远镜如雨后春笋般在世界各地出现，起初在这个领域遥遥领先的是英国人和澳大利亚人。研究者们注意到，古老的超新星残存的星云发出强烈的高频电波。天鹅座 A 是射电星空里"最明亮"的天体之一，但却业已被证实是一个距我们大约 6 亿光年的形状奇特的星系。类似的"射电星系"在广袤的宇宙中比比皆是。随着无线电技术的发展，只要把相距一英里及以上的射电望远镜得到的信号相互叠加，就可以模拟出大型望远镜的效果，获得足够大的分辨率。借此研究人员发现，来自这些特殊星系的无线电信号是巨大的气体云发出的。这些气体云从星系伸出去几十万光年，如同飞机长长的机翼。那么，这些气体云是如何形成的呢？

必须以一种全新的方式看待宇宙，才能回答这个问题。我们不仅要考虑漂浮在太空中的恒星和星系，还要考虑星际和星系际空间——在那些空间中，填充着类似电子的粒子，在电磁场中运动着。正是在这些粒子围绕着磁场线作螺旋式运动时，释放出了无线电波。1958 年，天体物理学家杰弗里·伯比奇认为，在那些环绕在射电星系周围的巨大的气体云中，包含着巨大的磁场能和动能，这些能量相当于 1000 万个太阳的物质根据 $E = mc^2$ 全部转化的纯粹的能量。光学望远镜无力观察到这些，造成的后果是天文学家数百年来都误以为，宇宙是相当平静的。但是，随着人类的观测进入到更宽广的光谱范围，天文学家现在认识到，在遥远的太空中，有一些传统能量源理论无法解释的大事件正在发生，宇宙因充斥着各种事件而拥挤不堪。

和宇宙能量源相比，化学能量源譬如炸药，简直弱爆了，就算是核能也仍力有不逮。"核燃料的质能转换率约为1%。"基普·索恩曾这样估计。这意味着，要为一个活跃星系的射电气体云提供能量，需要相当于十亿个太阳质量的核燃料——这貌似可以接受，但细思则不大可能。正、反物质湮灭时产生的能量也一度被考虑过，但还是被作为一个可能的来源放弃了。宇宙似乎并不拥有足够的反物质。

下图 在巨大的椭圆形星系天鹅座A（图片中心位置）周围，围绕着两团巨大的射电气体云，每一片都有60万光年宽。该星系距地球大约6亿光年。（资料来源：NRAO/AUI/J.M.Uson）

"红移"破译奇特光谱玄机

后续的发现增添了这种能源来源的神秘性。受前期发现的鞭策，不想错失良机的美国建立了几座最先进的无线电天文台，其中一座

位于加州欧文斯谷，由加州理工学院负责，即帕罗玛山天文台。这座天文台缩小了被标记为"3C 48"的射电源的范围，该射电源是剑桥大学射电源星表第3版中的第48个射电源。天文台的天文学家艾伦·桑德奇用口径达200英寸（约5.08米）的巨型海耳望远镜，在帕罗玛山上搜索"3C 48"射电源的来源区域——三角座，看看是否会发现其他可见的天体。观察了90分钟后，桑德奇原本期望发现

一个新星系，不料却看到了一个点光源，并证实了该光点正是射电源"3C 48"的光学对应体。这令他万分惊喜。用肉眼看，该发光体呈黄色，但在光谱紫外线区域异常明亮。起初所有人都认为，该发光体是我们银河系中的一颗恒星，因此，对外公布时称之为第一颗"射电星"。然而问题出现了。"我查看了它的光谱……"桑德奇说，"这是我所见过的最不可思议的光谱。"

随后两年，人们又发现了几个类似的射电星。初次看到它们时，人们觉得就像"3C 48"一样，它们可能只是银河系中发出微弱光芒的恒星。但是，在仔细查看了这些射电星发出的光波后，光学天文学家意识到，这些光波显示出的光谱特性不同于曾经观察到的任何恒星。这些"射电星"的谱线和我们已知的任何化学元素都不匹配。难道会有至今尚未被发现的其他化学物质吗？这就像在一条熟悉的收费高速公路上行驶，司机忽然发现所有的路标都在胡言乱语。在这些谱线中，天文学家们甚至找不到恒星的主要组成——氢存在的证据。然而，人们仍坚持假设它们是恒星。因为通过光学望远镜观察，它们看起来就像是恒星，例如，它们闪烁不止。如果这些奇怪的天体是遥远的星系，那么，一个星系辐射的能量相当于一千亿颗普通恒星，而相信这一千亿颗恒星能如此迅速且完全同步地闪烁，会被认为是"完全荒谬的"。1963 年 2 月，覆盖在这些独特的射电源上的神秘面纱终于被揭开了。

马丁·施密特是几年前从荷兰来到加州理工学院工作的。1963年 2 月的第 5 天，33 岁的马丁·施密特坐在办公桌前，拟写一篇关于编号为"3C 273"的射电星的论文，投给英国《自然》杂志。就在不久前，几位澳大利亚射电天文学家对该天体进行了一段超长时间的观测。为了更精确地定位这颗低垂于地平线上的射电星，他们砍伐掉阻碍视线的树木，将一架沉重的电波碟形天线倾斜放置。有了澳大利亚射电天文学家获得的更精确的坐标，施密特用帕罗玛山上的巨型望远镜迅速找到了"3C 273"，并获得了其光谱。但是，该光谱甚是奇特，施密特初看时百思不得其解。在花了几周时间后，他才在眼前貌似杂乱的光谱中终于辨认出一组熟悉的谱线——这组谱线类似处于基态的氢原子被激发时所发出的特定发射光谱，但却出现在了错误的地方！这就是为什么氢元素似乎不存在的真实原因。氢的谱线仍在那里，但是向红端（长波端）漂移了一大截。这意味着，该天体正在以惊人的速度远离地球。就像救护车驶离我们时，警笛会随着车的渐行渐远而音调渐低一样，当类星体远去时，会发生多普勒频移①的一种——波长被拉伸至更长（颜色会变得"更红"）。因此，"红移"为天文学家测量天体的移动速度和距离提供了依据。

就这样，施密特迅速领会了红移的含义。原来，"3C 273"并非银河系中一颗罕有的恒星，而是一种距地球大约 20 亿光年的奇特天体（那个时代测量到的距地球最远的宇宙距离之一）。随着宇宙的膨胀，它以接近每秒 4.8 万千米的速度，被裹挟着向外太空迅速移去。施密特知道，从这样远的距离观察，只有异常明亮的星才可以被发现。施密特估算，"3C 273"辐射出相当于数以万亿计恒星发出的能量，所以，他怀疑，"3C 273"是某个遥远星系的星系

---

① 多普勒效应造成的发射和接收的频率之差被称为多普勒频移。它揭示了波的属性在运动中发生变化的规律。物体辐射的波长因为波源和观测者的相对运动而产生变化。在运动的波源前面，波被压缩，波长变得较短，频率变得较高（蓝移）。当运动在波源后面时，会产生相反的效应。波长变得较长，频率变得较低（红移）。

核心，异常明亮却很不稳定。这个星系之所以看上去像一颗恒星，是因为距离实在太遥远的缘故。

红移的发现令一切豁然开朗，神秘射电星的光谱纷纷被破译。那些银河系外的蓝色亮点很快被加州天文学家称为类星射电源（QSRS）或类恒星天体（QSO）。不久后，他们简称它为"quasars"，即类星体。起初这一词语还被老派天文学家嘲笑，直到1970年，在施密特说服时任《天体物理学》主编的钱德拉不能再忽视这个词语后，后者才允许杂志正式使用该术语。《天体物理学》此前并未接受'类星体'这一术语，"钱德拉在施密特一篇论文的脚注中这样写道，"但很抱歉，我们现在必须承认了。"

只需一秒，便可为整个地球供电数亿亿年？

在所有类星体中，"3C 273"距地球的距离相对较近，尽管事实上非常遥远。与后来发现的类星体相比，"3C 273"简直是我们的近邻。在近50年以来，天文学家已发现的最远的类星体距地球大约130亿光年远，这意味着它们诞生于宇宙大爆炸9亿多年后。事实上，地球上的观测者能够透过浩瀚的宇宙看到这些类星体，就意味着这些天体是星际空间中最强大的居民。

但是，针对类星体的发现，人们最关心的问题还是其巨大的能量究竟从何而来。"问题不在于它们辐射出多么多的能量，"施密特说，"而是这种能量来自一个可能不超过一光周①大的区域。"通过观察类星体在几周或几天内的明暗交替，天文学家了解到了这一点。

———————————
① 即光在一周时间里所走的距离。

以类星体"3C 273"为例，天文学家查验了这颗 13 等星（亮度约为天狼星的四十万分之一）大约在 70 年前的旧照片。在一张照片上，它发出的光很弱；但在一个月后拍摄的另一张照片上，它又亮了许多。这样相对迅速的光度波动意味着类星体的能量源体积并不大，也许比我们太阳系的直径还要小。因为，发光体的体积若是很大，任何光度变化都会被很快淹没于杂乱中。然而，就在宇宙中这样小的区域内，却喷涌出相当于太阳 10 亿倍的能量。如果有一台这样的宇宙发电机，只需 1 秒，便可为整个地球供电数亿亿年。什么样的宇宙过程会产生如此巨大的能量呢？

蓦然间，任何想法都变得不容小觑，无论多么天马行空，不着边际。施密特指出："类星体的发现对天文学研究者的行为方式产生了深远的影响。20 世纪 60 年代以前，这个领域还相当专制，会议上发表的新想法会被资深天文学家肆意评判。如果他们觉得离谱，整个天文学界就会拒绝接受。但现在，人们的态度转变了。即使再怪异的想法也会被认真对待。"

例如，在这种宽松的环境下，弗雷德·霍

上图　人类确认的第一颗类星体"3C 273"。哈勃太空望远镜上的 2 号广角行星相机拍摄。衍射尖峰表明，类星体事实上是点光源，这一点和恒星相同，因而是极为致密的。（资料来源：NASA/太空望远镜科学研究所）

伊尔和威廉·福勒敢于谈到长久以来被忽视的广义相对论。比施密特于《自然》杂志上宣布确认类星体"3C 273"还早一个月,霍伊尔和福勒在同一期刊上发表了一篇论文。他们在这篇论文中指出,引力可能是宇宙的引擎。这一想法能够解释许多业已发现的活跃的射电星系能量的来源。他们想象,在这些星系的中心积聚了高达上亿个太阳的质量,如同一个巨星。当这些质量突然收缩至"相对论极限",即发生灾难性的引力坍缩时,释放出巨大的能量,恰如这些星系展示出的那样。在两年前,苏联物理学家、朗道的学生维塔利·L.金兹堡首先提出了该设想,霍伊尔和福勒对金兹堡的想法进行了拓展。

施密特关于类星体的发现及霍伊尔和福勒极吸引人的理论,迅速在整个物理学界和天文学界产生了巨大反响。一群顶级相对论学者很快组织了一次特殊的会议,将天文学家、理论物理学家和(实验)物理学家聚在一起,讨论所有人心中对类星体的困惑和各种相关问题。

这次大型会议的资助者包括美国国家航空航天局(NASA)、美国海军及美国空军。(军方对此感兴趣,是由于他们曾在那段时期被罗杰·巴布森的热情所鼓动,因反重力理论而感到短暂的振奋。巴布森认为,对广义相对论的研究可能带来反重力装置。)会议的邀请函中这样写道:"十多年来,强大的(银河)系外射电源一直是现代天文学中最吸引人的问题之一……(类星体)巨大能源的产生机制,迄今仍无法解释,也没有能够解释这种非同寻常事件的完善理论……这表明,引力坍缩问题的各个方面和基本面迫切需要汇集来自各个领域的专家,展开深入的讨论。"

　　罗伯特·奥本海默也在受邀之列。看来，他于 1939 年发表的已被忽视了近四分之一个世纪的论文，终于将万众瞩目。这次会议在科学界引起了轰动。"我期待在达拉斯会议上见到您……"彭罗斯在给惠勒的信中写道，"这无疑是一个极为吸引人、也极令人困惑的主题。"

第 **9** 章

唯一类型
对于黑洞精确且唯一的描述

一次由相对论学者组织的会议，无意间开启了相对论与天文学的大融合，这将为黑洞研究带来怎样的转机？在这次历史性的会议上，关于黑洞的重大发现未能获得任何关注和影响，反映着天文学家怎样的心理？年轻的物理学家克尔，如何描述具有旋转特性的黑洞？黑洞这个引人入胜的词语是如何登堂入室，化身为庄重天文学术语的？

观众席中有人说，何不称它为黑洞呢？

——约翰·惠勒

相对论与天文学的大融合

  如果不是因为醇烈的马提尼酒，还有得克萨斯州炎热而让人精神不振的夏季，这次会议可能还不一定举办。1963 年初，著名数学家艾弗·罗宾逊刚刚搬迁至达拉斯，在新组建的西南高等研究中心（后来成为得克萨斯大学达拉斯分校）领导相对论研究小组。他感觉当时的研究氛围乏味而沉闷。一位观察者说，当时的罗宾逊正在网罗"看到类空二重矢量能够马上辨认出来的人"。因而，在与周末相连的国庆节①小长假期间，罗宾逊邀请了很多朋友到他的住所聚会，暂时脱身于相对论的泥沼。

  罗宾逊的住所位于达拉斯郊区。7 月 6 日，当所有人都懒洋洋地坐在罗宾逊家的游泳池旁，手边一杯马提尼，惬意地享受着泳池边的飒飒凉风时，研究中心的首

---

① 7 月 4 日为美国独立日，也是美国的国庆日，是美国主要的法定节日之一。

席科学家、物理学家劳伦斯顿·马歇尔建议，组织一个小型学术会议，也许只需要 25 位科学家参加，就能为他们新成立的研究中心打出点名气。"给生活添点情趣。"他说。罗宾逊，以及从得克萨斯大学奥斯汀分校来访的相对论学者阿尔弗雷德·希尔德、恩格尔伯特·舒克，欣然接受了这个提议。

在接下来的几天中，当三位科学家因为会议的主题而反复讨论、摇摆不定时，舒克碰巧提到了新发现的类星体。"人们对类星体知之甚少，"他指出，"我们何不就这个主题举办会议呢？"所有人都赞同这个建议，但他们也意识到，如此一来，这样宏大的主题需要一个比他们原先计划的更大的平台。因而，最初的想法不过是举办一场仅限于相对论领域内的研讨会，不久却变成了"得克萨斯科学家达拉斯大聚会"，舒克说。达拉斯市政府提供的用于在得克萨斯州打造又一个普林斯顿的钱"尤其有价值"，舒克补充说："这笔钱可以买醉，而孤星之州^①奥斯汀市给的钱就只能用于清醒后的事。"

不过，给会议取什么名字呢？组织者不过只是一个相对论研究小组，却要举办一个很大程度上可以说是整个天文学界的会议。"我们（最终）还是搞定了。"舒克说。这三位科学家创造性地为一个新研究领域冠以了新名称。他们决定将会议命名为"得州相对论天体物理学研讨会"，并邀请了几乎所有能想到的与这个新鲜出炉的学科有关联的人。"相对论是睡美人，而类星体则是唤醒她的王子。"德国科学史学家尤尔根·雷恩说。

正是在这次会议上，许多顶尖物理学家才首次了解到，广义相

---

①孤星之州是得克萨斯州的别称。1836 年成立的得克萨斯共和国国旗上只有一颗星，后来加入美国后被称为孤星之州（lone star state）。

对论可能实际上在物理学里扮演着更重要的角色。

会议于 1963 年 12 月举行，地点是达拉斯市中心的一家酒店，时间正好在圣诞节放假前几天。这家酒店距 3 周前约翰·肯尼迪总统遇刺的街道仅隔几个街区，因为这起悲剧事件，有人在会议召开前已经敦促会议的组织者取消该会议，但他们还是决定坚持到底。得克萨斯州州长约翰·康纳利虽然在那次可怕的事件中也受了伤，手臂打上了石膏，但还是来到了会议的开幕式，对与会者表示欢迎。

来自世界各地的 300 名科学家参与了此次会议。奥本海默主持了第一次会议。舒克回忆说，在这次会议开始前的几分钟，"奥本海默请我们把手表调成同步，就好像我们在另一个阿拉莫戈多①似的。"卡尔·史瓦西的儿子马丁·史瓦西也出席了会议。马丁·史瓦西已成长为普林斯顿大学的一名天文学家。所有的与会者，无论是相对论学者、天文学家还是天体物理学家，兴奋之情皆溢于言表。正如其中一位所说的："许多与会者都觉得，他们正置身于一个具有历史意义的场合。这次会议提出的新观点至关重要，可能对该领域未来的所有思想产生深远的影响。"

这的确是一场伟大的会议。广义相对论和天体物理学终于被直接联系在一起。到会议召开前夕，天文学家已确认了 9 个类星体。奥本海默提出的引力坍缩星体最终会被纳入视野吗？在会议期间的一次餐后闲聊中，康奈尔大学的天体物理学家托马斯·歌德风趣地说："相对论现在不再只是瑰丽的文化饰品，而可能会真的对科学有用！所有人对这一结果都很满意。相对论学者觉得有人欣赏他们

---

① Alamogordo，位于美国新墨西哥州，第一枚原子弹于 1945 年 7 月 16 日在该市西北部的怀特桑德导弹试验场爆炸。

了——在原本几乎没有存在感的领域，他们摇身一变成为专家。而对于天体物理学家来说，有另一门学科——广义相对论的并入，他们也甚是得意，因为这拓宽了他们的研究领域，扩展了帝国的版图……所以，让我们都希望这事是对的吧。如果我们拂袖而去，再次拒绝相对论学者，那可就太没有风度了。"

会议的邀请函上列出了简明的议程：

主要议题如下：

a. 天文学家观察到一些与射电源有关的不同寻常的天体。它
   们是引力引起的向心聚爆的碎片吗？

b. 引力能量是通过什么机制转换为无线电波的？

c. 引力坍缩会导致……（恒星）无限收缩并形成时空奇点吗？

d. 如果是这样，为了避免此类灾难，我们应如何调整我们的
   理论假设？

最后一个问题特别有趣，它表明，物理学家仍希望避开奇点这一棘手的问题。尽管有奥本海默和斯奈德以及惠勒和泽尔多维奇等人的著书立说，但引力坍缩仍让人难以接受。一些与会者直到出席了这次会议，才知道引力坍缩存在的可能。这也是他们第一次听到恒星（演变）可能会出现这样的结局。

超大质量黑洞正是类星体的巨大能量源

与会者最关心的问题是：那些能发出强烈的射电信号和光辐射

的类星体，其能量来源到底是什么？类星体"3C 273"的辐射是太阳辐射量的一万亿倍，这种情形存在多久了？还会持续下去吗？科学家已经知道，核反应太低效，不会产生如此巨大的连续能量。所以，引力，确切地说，是引力坍缩，备受瞩目。随着物质加速落向黑洞，巨大的能量被释放出来，远远超过核反应中释放出的能量。

上图 1963 年，得州相对论天体物理学研讨会的一些与会者，从左到右依次为：弗雷德·霍伊尔、艾弗·罗宾逊、恩格尔伯特·舒克、阿尔弗雷德·希尔德和埃德温·萨尔皮特。（资料来源：美国物理研究所埃米利·奥塞格雷视觉档案室）

会议召开的第一天上午，弗雷德·霍伊尔和威廉·福勒详述了他们对类星体这种超大质量物体收缩问题的想法。在类星体的外部区域，有成千上万个凝聚态物质，每个都拥有约 100 倍太阳质量。在这成千上万个凝聚态物质上进行的核燃烧，不像太阳那样持续数十亿年，而是在仅一个星期内以非常快的速度燃烧完毕。同时，在类星体的最核心部分，收缩仍在继续进行。当一颗质量超过 100 万倍太阳的"超巨星"灾难性地收缩为一点时，将发出巨大的能量爆炸。这样一颗超巨星最初是如何形成的呢？霍伊尔和福勒在他们发表的评论中写道："当前，我们选择忽略这样一个超大质量物体是如何形成的之问题。观测证据似乎已为超大质量物体存在的假设提供了强有力的支持，因此，立即探究它们的属性合情合理。我们对书面的、口头的和隐晦的批评分别采取视而不见、充耳不闻和不予理睬的态度。"霍伊尔和福勒继续写道，一种"反引力"场（当然是物理学界还未见过的某种东西）会阻止超巨星全面崩溃为奇点。受到反引力场的外推力，坍缩星体反弹，释放出我们观测到的辐射。这些辐射振荡会继续，但随着时间的推移而慢慢减弱，直到物体完全收缩到视界之内，从人们的视线中消失。马丁·施密特是正确的。天文学已进入到一个新时代，一个如著名作曲家科尔·波特所说的"一切皆有可能"的时代。

一些人坚持认为，类星体的光谱发生巨大红移的原因有可能是这种坍缩超巨星的极强引力场，而不是光波在膨胀的宇宙中随着距离的增长而被拉伸造成的。这意味着，类星体有可能质量极大而体积极小，距离我们会比之前预测的更近。但这种说法很快被否决了。因为，如果是这样，银河系内与如此大质量天体靠近的恒星的运动，就会受其强大引力场的影响而发生很大改变，但在银河系中，科学家们并未观察到其他星体有轨道偏离的迹象。一些人推算，如果"3C 273"是银河系中的天体，它距我们不会超过三分之一光年，几乎就在太阳系内。这将极大影响太阳系内行星的运动。如果该天体以每秒4.8万千米的速度离我们远去，银河系对它的引力是无法维持的。

人们也考虑过其他机制。也许，当物质和反物质在星系中心彼此湮灭时，类星体现象就会出现？当一丁点儿的物质遇到了它的反物质，它们彼此湮灭，只留下一阵纯粹的辐射。但是，这些单独的物质与反物质，怎么可能在此之前一直保持分开状态呢？

　　与会者激烈地争论着这些不同的想法，问题接二连三地被提出。有没有可能，类星体的产生是和超新星爆发同时发生的大合唱？答案是：不可能。产生如此巨大的能量需要一亿颗恒星同时爆炸，而这么多恒星同时爆炸的原因又是什么？是如何爆炸的？再者，每百万颗甚至更多的恒星塞满一个只有几光年大小的空间，这有可能吗？

　　霍伊尔和福勒提出的那种奇特而突然的引力坍缩也是有问题的，物理学家弗里曼·戴森强调了这一点。他指出，坍缩会产生大量的能量，但只能维持很短的时间，最多一天，而类星体一直在闪烁着。引力坍缩很快就结束了，但类星体却能猛烈而持续地燃烧100万年或更久的时间。

　　很快，苏联物理学家雅科夫·泽尔多维奇和伊戈尔·诺维科夫就指出，大质量坍缩天体附近的尘埃和气体会被吸引过来，在周围聚集为吸积盘，同时，大量的能量被释放出来。通过盘旋移动，这种循环物质可以辐射和发光多年，直到它最终抵达那个临界点并在视界后面消失。但该构想并未出现在此次会议的任何一场公开会议上。（苏联科学家未被获准前往美国得克萨斯州参加会议。）结果，到最后一天会议结束时，仍没有出现任何一个可以说略胜一筹的方案。很多科学家并没有依据新物理学来解释类星体的能量问题，而是墨守寻常的天体物理学过程，比如气体云①大量落到恒星的（物质）聚集中心，气体在骤降到星系核的过程中，由于一路上的冲击和碰撞，可能爆炸而产生能量。

---

① 一般认为，当宇宙发展到一定时期，宇宙中充满均匀的中性原子气体云，大体积气体云由于自身引力的不稳定造成坍缩，这样便进入恒星形成阶段。在坍缩开始阶段，气体云内部压力很微小，物质在自引力作用下加速向中心坠落。

无论是离奇或寻常的假说，其胜负对错都需要数年时间才能见分晓。而在这件事上，笑到最后的是前者。现在，科学界普遍认为，类星体的能量来源于超大质量黑洞。当黑洞吞噬着环绕在其周围的吸积盘物质时，同时会喷射能量。这一点与泽尔多维奇和诺维科夫的猜测相同，也与康奈尔大学物理学家埃德温·萨尔皮特通过独立研究于 1964 年提出的观点相一致（详见第 11 章）。

直到今天，第一届得州研讨会上一段非常简短、但却预示着黑洞物理学重大突破的发言，仍为人们所津津乐道。发言人是一位名叫罗伊·克尔的相对论学者，当时还很年轻，听众中的天体物理学家几乎没有人注意到他。甚至在会议结束前，3 位与会代表在作这次大会的总结报告时，都未提及克尔的发言。但是，正如大家看到的那样，失礼者最终会有醒悟过来并弥补过失的时候。

GPS：广义相对论在日常生活中的首次应用

随着类星体的发现，20 世纪 60 年代早期成为天文学的转折期，同时也是相对论的创新期，相对论的黄金时代即将到来。物理学家乔治·伽莫夫说，几十年来，广义相对论"一直高高在上，是科学界的泰姬陵，几乎与物理学其他领域的快速发展没什么关系"。但是，随着实验设备的不断更新，也多少受第二次世界大战实际需求的刺激，实验物理学家开始有能力以较高的精确度检验爱因斯坦的预测。更重要的是，他们还着手展开新实验。"非常能干的年轻一代物理学家已经成长起来。"惠勒在给麻省理工学院一位同行的信中这样写道，"实验技术的进步和（年轻的）实验工作者表现出来的锐意进取精神，将广义相对论从传统的桎梏中解救出来。"

例如，1960 年，罗伯特·庞德和格伦·雷巴克终于测量到"引力红移"，这是爱因斯坦早就预测过的广义相对论的又一个效应。这项测量对精确度的要求极高，因此一直难以完成。在苦等了 40 年之后，这项爱因斯坦关于引力行为的第 3 个预测[①]最终被证实[②]。简而言之，当光波从强大的引力场逃逸时，它会被拉长（因波长变长而颜色更"红"了）。庞德和雷巴克在哈佛大学的校园里测量了这一效应。他们在地表放置了由处于激发态的原子跃迁回基态的时候辐射出的伽马射线（源），对准在物理实验室大楼顶端几层楼高的塔顶。辐射经过约 22 米的路程到达塔顶，伽马射线的波长确实拉长了一点，与爱因斯坦的预测相吻合。

和太空中的时钟相比，地球上的时钟走得更慢，原因正是引力红移效应。你可以把光波看作弹簧，在它们向上弹出去而脱离地球引力的时候，弹簧被拉长。当光波的波长变长时，光波的频率，即每秒钟经过我们的波的次数减少了。如果将伽马射线当作一个时钟，那么由于地球引力场的作用，"时钟的滴答声"变慢了。我们不会注意到这个变化，因为我们身体里的原子也变慢了。只有通过比较，我们才能确认这种效应。在太空中自由飘浮的时钟感应不到这种引力效应，所以，相比之下会跑得快一些。安装在全球定位系统（GPS）卫星上的高稳定时钟远离地球，会比地球时钟跑得快一点。因此，根据广义相对论原理，我们必须安装定期修

---

① 前两个预测分别是光的弯曲和水星轨道的额外进动，第 4 个预测是引力波的存在。

② 在爱因斯坦完成广义相对论之前，就已经得出引力将会影响光波频率和波长的结论。由于引力的作用，当光波向上行进远离地表的时候会损失一部分能量，从而波长变长，频率下降。但是由于地球重力不是很强，这个效应并不明显。

2013 年的罗伊·克尔。(资料来源：坎特伯雷大学)

　　当今被论证的科学理论，未来也许会发现它们是错的；现在看起来是错误的理论，未来也许终将成为真理。

——罗伊·克尔

正（时间）的程序，以确保 GPS 对我们在地球上的汽车、轮船和飞机的导航不出差错（这也许是广义相对论在我们的日常生活中的首次应用）。

时钟减慢多少取决于引力场的强度。如果一个人能奇迹般地在重力是地球一万亿倍的中子星上生存下来的话，很显然，他变老的速度比生活在地球上的人要慢。在地球上时光流逝了 10 年，而在这颗中子星上时光只流逝了 8 年。

天文学家谈论着引力坍缩问题，实验物理学家检验着爱因斯坦的预测，人们感觉广义相对论正从沉睡中苏醒。理论物理学家也恢复了对广义相对论的兴趣。

克尔度规：描述旋转物体周围的时空

这个时候，对所有物理学家来说，最大的困难是如何在研究中正确地描述一颗恒星。到这时为止，所有"引力坍缩星体"的研究工作采用的都是完全静止的恒星模型，这是科学家们，比如普林斯顿大学和苏联的研究团队，可以求得相对论方程的解的唯一途径。但这种模拟并不真实。

恒星在旋转。天空中的每一颗星都在旋转。那么，如果把旋转因素考虑在内，是否有可能避免恒星的坍缩？许多人都这样想。他们认为，"奇点"不过是虚构的臆想之物，是把爱因斯坦方程应用到完全对称且静止的坍缩恒星上得出的结论。（恒星）全面坍缩为"零体积"太过奇幻。但想要证明这一点，相对论学者就要征服他们尚未解决的最大问题：建立包含描述恒星旋转因素的广义相对论方程,并为之求解。这是该领域的圣杯,这个老大难问题等了几十年,才被新西兰数学物理学家罗伊·克尔破解。

第二次世界大战刚刚结束时,克尔在新西兰现在称为坎特伯雷大学的学院完成了学业,获得了学士和硕士学位。那时,坎特伯雷大学的图书馆"很落后,最新的物理学书籍还是关于以太理论的书",他回忆道。到英国剑桥大学攻读博士学位期间,克尔开始对广义相对论发生兴趣。在博士论文中,他仔细思考了广义相对论框架下恒星的运动规律,比如密近双星①的运动。

20世纪60年代初,一种新的数学方法——微分几何被引入到对爱因斯坦场方程的求解中,相对论学者大受鼓舞。微分几何为物理学领域洞开了方便之门,驱散了长期以来笼罩在相对论学者头顶的阴霾。克尔带着满腔热忱,开始致力于爱因斯坦场方程的求解。1962年,他就职于得克萨斯大学奥斯汀分校,并在此继续他的研究,当时这里刚建立了一个相对论研究中心。

克尔所走的研究之路充满艰辛。在苦干了几个月后,奥斯汀分校的一位同事给克尔看他即将发表的一篇论文,这篇论文似乎在证明,要找到克尔正在研究的问题的解几乎是不可能的。但在浏览该论文时,克尔注意到,其中一个方程有误,这表明,找到问题的答案并非不可能。"在接下来的几周里,他像打了鸡血一般兴奋。为了保持思维的热度,每天喝烈性鸡尾酒,抽几十根香烟。"克尔的传记作家、物理学家弗尔维奥·梅利亚这样讲述道。克尔把问题成功简化为一组四阶微分方程,其结果与另外一个相对论学者团

---

① 凡一子星影响另一子星演化的物理双星都可称为密近双星。实际上,人们常把分光双星和测光双星(后者包括交食双星)统称为密近双星。

队——艾弗·罗宾逊和安杰·特罗特曼得出的结果相一致。鉴于罗宾逊和特罗特曼只不过想计算最一般情形下的解,克尔决定另辟蹊径。他剔除了所有与物理世界无关的计算结果。他说:"我想找出(爱因斯坦引力方程中)能够描述我们在宇宙中的新发现的解。"他没有采用那些会引起尴尬的术语,而是巧妙地权衡,这在一些人眼中不够光彩。但重要的是,他选择了一个轴对称的协调系统,换句话说,该系统有能力将恒星的旋转问题囊括其中。

作为一个远离强大引力体的观察者,克尔知道,当他的解与牛顿引力定律相吻合时,就离真正的答案不远了。但从这个远距离视角来看,旋转并不显著。某一天,在他的办公室里,他的老板阿尔弗雷德·希尔德坐在旁边的一个旧扶手椅上,满怀期待。这位年轻的数学家坐在他的书桌前,用铅笔和纸验证他放置在虚拟时空里的物体确实有角动量。半个小时后(根据连续吸烟估算出的时间),克尔转向希尔德,说:"阿尔弗雷德,它在旋转呢。"更重要的是,物体的旋转拖动周围的时空,就像碗中的蛋液随着搅拌器循环旋转一样。

这就是两位奥地利物理学家约瑟夫·兰斯和汉斯·蒂林于1918年首次使用近似法预测的称为"参考系拖拽"的相对论效应。克尔终于找到了完整的解。希尔德对这个结果大喜过望。"穿过从他烟斗里冒出的滚滚烟雾,"梅利亚写道,"希尔德冲到书桌前,从克尔的肩膀上望过去,看到了纸上深深的铅笔划痕,这划痕深得可以透入桌面里。"他马上意识到,克尔终于找到了用爱因斯坦方程描述旋转恒星的完整答案。"我不记得我们是如何庆祝的,"克尔多年后回忆道,"但我们确实庆祝过!"

用相对论学者的说法,克尔提出了一个全新的"度规",来描述旋转物体周围的时空。他已攀登上了广义相对论的珠穆朗玛峰。鉴于克尔取得了如此巨大的成就，得克萨斯大学很快授予其终身教授职位。这一成就引起的是质变而非量变。克尔最终的论文于1963年提交给《物理评论快报》，一个月内就发表了，只有一页半。在为克尔的成就感到激动之余，希尔德希望大学校园的塔楼沐浴在庆祝性的橙色光芒中，就像庆祝大学橄榄球队赢得比赛时那样（但这没有发生）。

这一切发生在得州研讨会的筹划期间。听说研讨会的组织者会安排其他科学家在其中一场会议上讨论他的解决方案，克尔确信，他应当出现在讲台上（尽管他可能后悔做了这个决定）。"我的解在当时没能产生任何影响。"克尔后来回忆道。在他的论文发表后和得州研讨会召开之前的几个月时间里，克尔试图将他的方法应用到会坍缩为史瓦西奇点的天体上，并取得了成功。鉴于类星体是研讨会的主题，克尔想展示的是，他的解如何有可能"解释大质量物体的引力坍缩是类星体释放巨大能量的原因"。"将旋转纳入考虑范围，结果可能不一样。"他对观众说。

但是，与会的天文学家根本没有意识到相对论学者已经取得的巨大进展。克尔在进行他的十分钟演讲时，几乎没有人认真聆听。许多人溜出了会议室，有些人在椅子上打瞌睡，还有一小撮人完全忽视了演讲者的存在，互相聊起天来。一些天文学家认为，这些时空度规或史瓦西奇点和类星体没有半毛钱关系。

然而，会议室里的相对论学者却被克尔的演讲吸引住了。克尔的演讲结束时，著名的希腊相对论学者阿喀琉斯·帕帕佩特鲁站起来，宣称克尔已经找到了可以描述旋转（恒星）的爱因斯坦方

程的解，这正是自己和另外一些相对论学者三十多年来一直苦苦
寻觅的答案。他挥舞着拳头，责备那些没有认真聆听的观众。颇
具讽刺意味的是，恰恰此时，会议室里的呵欠声此起彼伏。克尔
在演讲的那一天将一个模型盛放在银盘里呈给大家看，该模型后
来被认为是第一个旋转黑洞的模型。如果那些天体物理学家们在
会议上认真聆听了克尔的发言，并利用他们活跃的思维进行跨越
式的思考，不久就会找到类星体（他们曾为这个新发现兴奋不已）
能量来源的另一可能，而这次会议存在的价值也会变为——发现
黑洞的转动动能。

黑洞的唯一类型

黑洞的快速旋转是其动力来源的关键。想象溜冰的人伸展开双
臂，然后再收回来，这会使他们加速旋转。这是角动量守恒的简单
结果：随着旋转物体直径的减小，其转速增加。大质量旋转恒星突
然坍缩为一个小小的黑洞，就是将这种守恒发挥到了极致。黑洞最
终会以极快的速度进行旋转。克尔认为，黑洞的旋转速度是如此之
快，会因此发展出两个表面，内部边界就是标准的视界，任何进入
视界的物质或光线都无法逃离。还有一个外边界，呈球状但比较扁
平，会延续到黑洞的两极。任何进入内外边界之间区域的光或物质
都会被带入高速旋转运动中。如果所处位置合适的话尚有机会逃逸，
路线为沿着磁力线，从黑洞的南北两极逃出去。

平心而论，克尔在得州研讨会上并没有作如此详细的描述，他
并没有想到黑洞内外边界之间的区域。他甚至赶着要在会议开始之

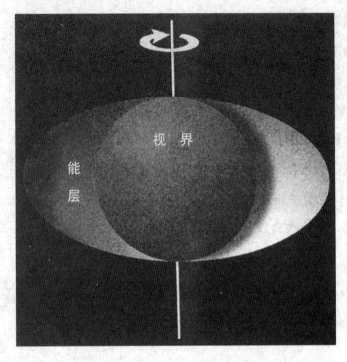

上图 一个旋转中的黑洞的两个表面：一是视界，任何物质或光一旦进入（视界）就永远无法离开；二是能层，为黑洞的外部区域，从黑洞获取能量。（资料来源：维基共享资源）

前得到一个结果，没有为黑洞的内外边界作出正确的定义。但无论如何，克尔的成就是一个新的起点。1969 年，罗杰·彭罗斯全面展示了黑洞内外边界之间这个特殊的后来被称为"能层"（ergosphere）的区域是如何充当能量放大器的。"能层"这个词中"erg"来源于希腊语，意为"工作"或"能量"，而这正是能层的意义所在。彭罗斯表示，任何进入这个特殊区域后又逃逸的物质和光，实际上是从黑洞快速旋转的过程中获得了能量——极多的能量。损失者是黑洞。在能层（释放能量）的过程中，黑洞的旋转减慢了一点点。

克尔的解还产生了另外一个结果：对于最坚定的引力坍缩反对者来说，旋转一直是他们最后的希望，是挽救恒星于完全毁灭的可能救世主，但这希望被克尔打破了。尽管旋转的说法为黑洞添加了令人兴奋的新属性，但并没有阻止黑洞的形成。此外，克尔描述的黑洞后来被其他人证明可能是黑洞的唯一类型，这其中包括史蒂芬·霍金、布兰登·卡特和大卫·罗宾逊。钱德拉塞卡称克尔的发现是他的科学生涯中"最令人震惊的体验"。他意识到了这项成就的意义所在："为填充宇宙的不计其数的大质量黑洞提供了绝对精确的描述……该成就得益于一种思想，即美丽的数学可以在自然中找到与其对应的实在体。"

谁将黑洞这一词语引入天文学？

20世纪60年代下半叶，科幻作家也充分注意到了这个似乎刚刚呱呱坠地的天体婴儿。1967年1月26日，电视剧《星际迷航》①第一季播出了"明天是昨天"这一集，其中讲到，"企业"号宇宙飞船遇到一个隐形"黑星"，其巨大的引力将飞船拖近，飞船陷入了危险境地。除"黑星"外，引力坍缩星体也常被称为"暗星"、"冻结星"或"坍缩星"，直到1967年底，大家都知道并喜爱的词语——黑洞，才被官方正式采纳。

事实上，"黑洞"这个词在历史上拥有并不太好的名声。1756年6月，在印度加尔各答胡格利河畔英国驻军的威廉堡，孟加拉省纳瓦布行政官道拉的军队俘获了144名英国男人和2名女人。据一位历史学家所述，道拉的手下将至少64名俘虏②关进一间狭小的黑牢里，这间黑牢被称为"黑洞"。据报道，在那个闷热而令人窒息

---

① 《星际迷航》（*Star Trek*）是由美国派拉蒙影视制作的科幻影视系列，由5部电视剧、1部动画片、12部电影组成。该系列经过近40年的不断发展和逐步完善，现已成为全世界最著名的科幻影视系列之一。

② 关于这一事件中牢房究竟有多大，关进去多少人，有多少人死亡以及是否是因为窒息而死等问题，史学家众说纷纭，至今仍是疑团。

的夜晚，大多数俘虏罹难，幸存者不到 20 人。在这起令人毛骨悚然的事件发生后，"黑洞"就成为紧闭而黑暗的牢房的代名词——毋庸赘言，有进无出。

惠勒曾多次讲到他第一次使用"黑洞"这个词的故事。1967 年秋天，射电脉冲星被发现，于是，美国航天局戈达德太空研究所迅速在纽约召集了一次会议。神秘的哔哔声来自红巨星、白矮星，还是中子星？惠勒告诉与会的天文学家们说，可能来自于他正在研究的"引力坍缩星体"。"呃，我用了这个词语四五次后，观众席中有人说，何不称它为'黑洞'呢？于是我就采用了这个说法。"惠勒说道。

但是，在 1967 年脉冲星被发现后一段时间内，该发现仍是一个被严格保守的秘密。直到 1968 年 2 月，相关论文才在《自然》杂志上发表。戈达德研究所的那次脉冲星会议于 5 月召开——也许，惠勒把会议时间错误地记为 1967 年。1967 年 11 月，戈达德太空研究所召开过一个关于超新星的会议，但会议名单中没有惠勒。1967 年 12 月 29 日，美国科学促进会在纽约召开了年会，毋庸置疑的是，在晚餐后的一次谈话中，惠勒使用了"黑洞"这个词。后来，他以自己在这次年会上发表的内容为基础，写了一篇题为《我们的宇宙：已知与未知》的论文，发表于 1968 年的《美国科学家》杂志。据说，惠勒的这篇论文是"黑洞"这个词作为特定的天文学术语的正式起源。

然而，有充分证据证明，"黑洞"这个词语实际上在更早时候就出现于学术界了。在 1963 年的得州研讨会上已有人无意间使用过这个词，这比惠勒在 1967 年的科学促进会年会上使用该词早了 4 年。1963 年的得州研讨会召开时，时任《生活》杂志科学编辑的阿尔伯特·罗森菲尔德在一篇对会议的报道中，在提及新发现的类星体时使用了"黑洞"这一术语。他注意到，弗雷德·霍伊尔和威廉·福勒提出，恒星的引力坍缩也许可以解释类星体的能量来源。"引力坍缩会导致宇宙中出现看不见的'黑洞'。"罗森菲尔德如此写道。现在，罗森菲尔德肯定地说，他当时并非自行发明了这个词语，而是在会议上听来的，虽然他记不起是听谁说的了。是霍伊尔在会议的讨论中使用了这个词吗？比得州研讨会还早十多年，这位英国天体物理学家曾揶揄地把关于宇宙起源的爆炸理论称为"大爆炸"——会不会是霍伊尔天才地使用了"黑洞"这一词语，试图再次①唤起天体物理学上的昵称？又或者，是某个年轻的研究生或博士后在会议室的走廊里开玩笑地使用了这个词？

在1967年美国科学促进会年会的一周后，在一次于克利夫兰举行的会议上，"黑洞"这个词被再次被提及。据《物理评论快报》的安·尤因报道，天文学家和物理学家在会议上提出，"星际空间里布满了'黑洞'"。提到这个词的是戈达德研究所的物理学家丘鸿毅。他主持了尤因旁听的那场研讨会，也曾出席得州研讨会。正是丘鸿毅发明了"类星体"这一术语，这次是否又是他，向观众推出了另一个有趣的词语？不，丘鸿毅本人否定了这个猜测。他也是从其他人那里借用的，那个人提到这个词时还提及了加尔各答。

丘鸿毅曾供职于普林斯顿高级研究院，在1959～1961年期间，研究院的物理学家罗伯特·迪克——既是一位实验物理学家，也是一位引力理论物理学家，曾在一次学术报告会上发表演讲。他提到

① 1927年，比利时物理学家勒梅特提出宇宙是从一个"初级原子""爆炸"而来的这一假说，在霍伊尔看来，大爆炸模型最初的"奇点"难以令人接受。1949年，霍伊尔在BBC的一次广播节目中首先使用了英文"大爆炸"（the Big Bang）一词，本意是嘲笑大爆炸模型。

广义相对论是如何预测某些恒星的彻底坍缩的——在坍缩所创建的环境中，引力是如此强大，光和物质都不能逃逸。"令观众吃惊的是，他开玩笑似的说，它（坍缩恒星）就像'加尔各答黑洞'一样。"丘鸿毅回忆道。几年后，当丘鸿毅转到戈达德研究所工作时，他听说迪克在一系列受邀讲座中多次漫不经心地提到了这个词语。因此，可能正是迪克，在科学的田地里播下了"黑洞"这个词语的种子。这也是迪克最喜欢的词语之一，经常在各种完全不同的场景里向家人提起。他的儿子们曾回忆道，每当一件常用的东西找不到了或者弄丢了，父亲就会大声喊："加尔各答黑洞！"

如果惠勒并未意识到这个词语早就有了，那么，他有没有可能受到了一首名为《天体之音》的诗的影响？这首诗的作者是 A.M. 沙利文，他为 18 世纪的天文学家威廉·赫歇尔写了这首诗，于 1967 年 8 月 26 日刊登在《纽约时报》上，恰在惠勒前往纽约参加美国科学促进会的那场年会并发表讲话之前几个月：

> 当赫歇尔深远的目光
> 扫过天际，
> 瞥见点缀在猎户腰带上
> 那无尽混沌中的黑洞，
> 他满怀敬畏，
> 无声地战栗。

最终，无论是谁赋予这个词以灵感，将之纳入科学词典之功应属惠勒。鉴于惠勒在该领域的地位，他决定将之作为天体名称的行为赋予这个词庄严的氛围，让科学界自然而然地接受了它而没有任何尴尬。"他就这样开始使用这个词，好像这个天体没有过其他名称似的；好像每个人都同意似的。"曾是惠勒学生的基普·索恩说。

惠勒的策略收效显著。在他1967年于纽约发表演讲后的一年内，"黑洞"作为天文学专业术语，越来越多地出现在报纸和科学文献上。起初这个词被小心翼翼地放在双引号内——毕竟是非常规的外来词汇，需要和其他部分保持一定的距离。

并不是所有人都喜欢这个词，如理查德·费曼。"他指责我太顽皮。"惠勒说。但惠勒被这个词和其他物理术语之间的联系所吸引，比如黑体。黑体是一种理想物体，能吸收全部射入的电磁波，也是完全辐射体。黑洞是前者，但非后者。它什么也不发射，除了尖啸声。我们往里看时，只看到黑暗的空虚。"因此，黑洞似乎是个理想的名字。"惠勒如此总结道。除此之外，"黑洞"这个名称也与环境的物理属性恰巧符合。密度无限大的奇点在时空的弹性结构里挖了一个洞，一个无底洞。像有某种因缘似的，冥冥之中，黑洞这个名称也向它的第一位研究者——卡尔·史瓦西致以了敬意。史瓦西姓氏中的"Schwarz"在德语中意思是"黑色的"。

"1967年，黑洞这个词语作为物理学术语正式问世。它成为了术语，这一事件并不重要，重要的是它在人们的心理上产生了重大影响。"惠勒说。"这一词语被引入后，越来越多的天文学家和天体物理学家逐渐意识到，黑洞并非凭空臆想的产物，而是值得人们花费时间和金钱去认真研究的天体。"黑洞（研究）终于进入到大时代。引人入胜的名称赋予了这一物体前所未有的魅力，这一点无法忽视。

甚至连钱德拉也再次回到这个主题的研究上。他认为，现在回头研究黑洞比较安全，不会再遭到别人的嘲笑。自从爱丁顿对他的研究给出了声名狼藉的评判后，他已离开这个领域近 40 年。时间到了 20 世纪 70 年代中期，黑洞也不再是钱德拉第一次遇到时的静态物体。现在，它是活跃着、旋转着的宇宙实体。在吞噬掉大量物质后，黑洞的视界会摇晃、会震颤，还会翻滚。在重回黑洞研究 8 年后，钱德拉写了《黑洞的数学理论》（*The Mathematical Theory of Black Holes*）一书，这是该领域权威著作之一，几乎囊括了研究黑洞需要的各种技术，现今仍被列入物理系的经典书目。

第 10 章

黑洞旅行
如果你穿越视界进入黑洞

　　黑洞研究的热潮终于来临，大众对黑洞的热情也终于得以释放。如果有一款"黑洞垃圾处理器"，它的吸尘效果一定无与伦比，因为黑洞会把什么东西都吸得一干二净。但想象一下自己会永远年轻且得到永生，就更是一件神奇的事……会实现吗？呃，在黑洞上，能得到某种程度的实现。

悬崖上那个不安全的无标记的跌落点象征着黑洞同样不安全的无标记的视界。

——约翰·惠勒

科学家大迁徙

　　在惠勒、泽尔多维奇和索恩等科学家的引导下，黑洞研究蓬勃发展。就在那时，所有属于黑洞的奇特属性开始被理论物理学家发现，并随即进行了深入的研究。天体物理学家赶上了迅速漫延的"黑洞热潮"。"中国有句谚语：十年河东，十年河西。也真是世事难料啊！突然之间，黑洞成了街头巷尾人们热议的话题。"丘鸿毅说。因为对中子星和黑洞的支持，他曾被冠以"疯子"之名。

　　1969 年，着重于商务和研究趋势的《财富》杂志注意到了"一次引人瞩目的大迁徙……（很多）科学家和研究生转到天文学、天体物理、宇宙学和相对论领域的研究中去了"。广义相对论的发展速度几乎快过其他任何领域。此时，莫斯科大学、巴黎大学、雪城大学、马里兰大学、北卡罗来纳大学、普林斯顿大学、加州大学伯克利分校、加州理工学院和剑桥大学都已建立起专门从事相对论物理学研究的研究中心，吸引了物理学专业中最优秀的学生。"那时，粒子物理学被完全漠视。"麻省理工学院的物理学家艾伦·莱特曼回忆道。正是在那个时期，他在索恩的指导下获得了黑洞物理学的博士学位。"关于强力有很多不同的理论，加上数百种新类型的基本粒子，我们根本理不清思路。广义相对论更具吸引力，从业者远未饱和。随着 1967 年中子星的发现，人们开始相信被高度压缩的恒星存在的合理性，包括黑洞在内。"

也是在这个时期，杂志和报章开始定期发表一些科幻故事，内容大多是恒星级黑洞①附近恐怖而刺激的故事，但又极具娱乐效果。黑洞被描绘为"宇宙最黑暗的谜团"、"恒星耀眼的死亡痉挛"、"吞噬物理常识的大块头"、"宇宙真空吸尘器"，甚至"宇宙空间的百慕大三角区"。《纽约时报》科学编辑沃尔特·沙利文在 1971 年写道："在物理学家创造的所有概念中，没有比外太空的'黑洞'更离奇的了。"

一旦进入公众视野，这些故事就发酵为文化现象，经常被出版物和深夜电视节目拿来调侃。在科幻杂志《模拟》上有一则捉弄人的广告，兜售一种七彩的"黑洞垃圾处理器"，声称可以吸入无限量的垃圾。一款 T 恤衫上印着这样的文字："黑洞看不见"。

与此同时，黑洞也成为理论物理学家在物理学范围内的幽默来源。他们彼此打趣说，如果你穿过视界进入黑洞时脚先进入，身体会被拉成"面条"。从广义相对论的角度看（从量子角度看会如何，详见第 12 章），你一旦越过视界就不可能再回来，前面等待你的唯

---

① 这里是指由引力引起大质量恒星坍缩而产生的黑洞。

一事物就是黑洞中心。在你向黑洞中心落下去的过程中，吸引你的力会增大。而且，引力增长得如此之快如此之大，以致拉拽你的脚的力会远远大于拉拽头的力，所以你的身体会被拉长，长得像面条一样。搞笑的是，还有人像模像样的把这种现象称为"面条效应"。而在被拉伸为面条的同时，你会被黑洞的潮汐力彻底撕碎。这就像月球引力作用于地球上的海洋生成潮汐，但黑洞的潮汐力要强得多。在恒星级黑洞的内部，一眨眼的工夫，还不到一毫秒的时间，你的身体会被压缩为细胞，细胞压缩为原子，原子压缩为基本粒子，粒子压缩为夸克，夸克被压缩为什么还有待发现。无论最终的碎片是什么，都会被吸入黑洞中心密度无穷大而体积为零的奇点——最后的实体蹲踞在黑洞深处，正如惠勒喜欢说的那样：有质量，无物质。

越过视界的奇异旅程

黑洞的质量不同，演变的进程也会有所不同。当黑洞吞噬掉更多质量时，就像贪食者的腰围会变粗一样，黑洞的视界会向外延伸，且越变越宽。如果黑洞的总质量足够大，当你越过了不归点（即视界）时，甚至不会意识到自己已经越过了。毕竟，黑洞的视界不是一个固体表面，倒更像是一个县或者市没有放置界碑的边界。大多数星系的中心都潜伏着超大质量黑洞，它们拥有数百万倍甚至数十亿倍的太阳质量。接近这种超大质量黑洞的视界并穿越它们的时候，宇航员唯一的感受就是空旷的空间。但是，终于，潮汐力会像慢动作一样开始拉抻：人就像在中世纪的酷刑架上受刑一样，头和脚被扯散，胸部被挤压。在一个 50 亿倍太阳质量的黑洞中，宇航员从

视界下降到最后被撕碎的地点大约需要 21 小时。

惠勒在讲座中解释视界和压碎点之间的区别时，喜欢用人从悬崖之上跌落到悬崖底的岩石上的故事："刚接近悬崖时，平缓的坡度还很安全，于是探险家就不断试探着走向边缘，以看清悬崖下面的景象。脚下的草坡危机四伏，越来越陡峭，而求知心切的探险家却对此浑然不觉。忽然，他脚下一滑，尽管这时灾难还未发生，但他已清楚地意识到——灾难不可避免了。悬崖上那个不安全的无标记的跌落点（脚开始向前滑的地方），就象征着黑洞同样不安全的无标记的视界，而悬崖底下的岩石则象征着进入黑洞的物体被潮汐力彻底撕碎的点。"

上图　恒星级黑洞图解。这是从距离大约 644 千米远的地方看到的以银河系群星为背景的黑洞。由于黑洞强大引力场的作用而致时空弯曲，星光在到达我们的眼睛之前，已变形、拉长了。（资料来源：维基共享资源）

为何你逃不掉了呢？因为进入视界标志着，在这个点，物体需要被加速到光速——299792 千米 / 秒，才能摆脱黑洞的引力而逃逸，这远远大于摆脱地球引力所需的速度（11 千米 / 秒）。一旦进入视界，你就出不来了。想要逃出去，你就得转过身来，且逃离的速度要比光速还快。根据爱因斯坦的相对论，这是不可能实现的，因为你需要无限多的能量。黑洞的铁腕紧紧攥住了你。

在视界的边缘上，你会永远年轻

爱因斯坦宣称，空间和时间是相对的，这一点在黑洞上呈现得比其他任何地方都更明显。在强大的引力场内，时间会慢下来，这是广义相对论已无数次证明了的自然结果。你可以想象，时钟的秒针每跳动一次都需要花更多的时间与引力抗争。的确，正如前面提到过的，全球定位卫星在 2 万多千米的高空绕地球运行，其信号为我们驾驶车辆和徒步旅行导航。卫星上的时钟走得要比地球上的时钟略快一些，因为后者受到的地球引力更大。在黑洞——宇宙中最强大的天坑里，空间和时间的相对性最为明显。

想象一下，在坍缩恒星收缩到视界之内成为黑洞之前，你坐在它的表面上看着手表，时间在一分一秒地正常流逝。一个一秒过去了，接着第二个一秒又在你眼皮底下溜走了，然而，当你仔细回顾整个宇宙，你会发现，几十亿年的时间就这样一秒一秒地流逝。宇宙未来的历史正在以接近光速的速度疾驰而过。从远处看你的人，看到的是截然不同的景象。因为观察者远离黑洞巨大的引力场，他们从远处看过来，你永远停留在跨越视界的状态上。当然对你来说，事实并非如此。在你的时间参考系里，你会立即死亡。但是从观察者的角度看，你似乎在视界的边缘静止不动了，永远那么年轻，永远免于完全毁灭。从遥远观察者的角度来看，黑洞附近的时间几乎停滞，难怪俄罗斯理论物理学家最初把黑洞称作冻结星。事实上，对于遥远的观察者，这颗恒星看上去仍然会是黑黢黢的。逃离恒星的最后光波被拉伸至无限长，使我们的眼睛看不见它们了。

将黑洞视为冻结星的想法着实影响了天体物理学家一段时间。

他们认为，黑洞不会对我们周遭的宇宙产生任何影响，因为，从我们的时间参考系来看，坍缩恒星只不过是石化天体，所以，它怎么会影响到我们呢？理查德·普莱斯和基普·索恩在一本关于黑洞的书里指出："只要这个观点盛行，物理学家们就不能意识到，黑洞可以是动态的、发展的、会储存能量和释放能量的天体。"

天文学家对黑洞的了解才刚刚起步：首先是在类星体中发现黑洞，后来，在我们自己的星系内发现了恒星级黑洞。

第 11 章

寻找黑洞
局势明朗到足以让霍金低头认输

黑洞理论已相当成熟，但如何才能找到宇宙中真实存在的黑洞？巧妙借助登月计划，贾科尼发现了宇宙 X 射线放射源，而其辐射体是否一定是黑洞？在宇宙狩猎中，天鹅座 X–1 因何"罪证"被定为"宇宙头号黑洞嫌疑犯"？黑洞，宇宙的终极统治者，在整个宇宙包括银河系中，将怎样肆意妄为？

X 射线探测卫星可能在太空中发现了"黑洞"。

——《纽约时报》1971 年 3 月

借探月之名，行黑洞之实

人们建立起天文观测站，开始花费大量时间在银河系中寻找黑洞。许多人相信，黑洞不仅值得寻找，而且值得锲而不舍地探寻到底。对于生活在 20 世纪 30 年代的奥本海默来说，黑洞只不过在理论上存在，他不会在寻找黑洞上面浪费时间，因为他业已证明了引力坍缩星体会从视线中消失。而奥本海默时代的大多数天文学家对超越经典理论之外的猜想都嗤之以鼻，他们认为，一切关于垂死恒星坍缩的探讨都是愚蠢的，恒星根本不会发生那样的演变。

与之相反，惠勒认为，黑洞和中子星一样，都是真实的宇宙居民。尽管这样的支持难能可贵，而对于是否有可能观测到黑洞，惠勒在最开始时并不乐观。1964 年，他在《引力与相对论》（*Gravitation and Relativity*）一书中

179

发表了一篇关于中子星（即他所谓的"超密恒星"）的文章，在其中有这样的表示："观测到这样一颗暗星就像观测到其他恒星的行星一样，希望非常渺茫。"（当然，这两种星体现在都被天文学家不断观测到。）但那毕竟是 1964 年，观测技术非常有限，对暗星的观察不仅难以实现，甚至被认为是空想。尚未有人想到，伴随着中子星疯狂的快速自转，可以从两极释放出强烈的辐射，辐射波从无线电波到 X 射线，横跨整个电磁波谱，能够被地球上的人们清晰地检测到。

雅科夫·泽尔多维奇及其小组成员早就在深入地思考这个问题。怎样化不可见为可见呢？怎样在黑暗的太空中观测一个漆黑天体的运动？首先，他们借用了约翰·米歇尔早在 18 世纪就提出的设想：寻找一颗明亮并且来回摆动的恒星，因为很可能有一颗黑暗的伴星正在一侧一边绕着它运行，一边拉拽着它。如果这颗伴星不发光，并且引力测量显示其质量是太阳的数倍或更多，那么它很可能就是一个黑洞。雅科夫·泽尔多维奇招收了一名天文学专业的研究生，名为奥克塔伊·古塞诺夫，以帮助他梳理双星系统目录，筛选出候选黑洞。到了 1966 年，他们已遴选出 5 个可能的目标。（在刊登于《天体物理学》杂志上的报告中，他们加入了一些"猛料"，以对抗那些仍坚持认为恒星会抛弃掉足够的质量而避免坍缩的天文学家。没错，苏联也有个别科学家顽固地认为，恒星会不断地扔掉一些物质，但"不是因为它们'不希望'变成白矮星或'害怕'坍缩"。）此后不久，基普·索恩在天文学家维吉尼亚·特尔布尔的帮助下，又提出了 8 个可能是黑洞的目标。但最终，所有这 13 个候选天体中没有一个被证明是黑洞。由于种种原因，一颗伴星可能非常暗淡，但仍然不是黑洞。总之，黑洞探测者们真正需要的是新的搜索设备。

幸运的是，雅科夫·泽尔多维奇和同事伊戈尔·诺维科夫发现了另一种方法，有望在数年内揭开黑洞神秘的面纱，这种方法正是他们此前提到过的观测类星体在吸积过程中的变化。试着设想某个黑洞围绕着一颗明亮而灼热的恒星转动的情景。恒星的表面正在以恒星风的形式释放气体流，这很可能是附近的黑洞正在拉拽着这颗恒星的外层大气。最终，一些气体将到达黑洞，并且被其强大的引力场俘获。当气体落入黑洞时，伴随着原子的搅动和碰撞，气体将被加热到数百万摄氏度。在这整个过程中，黑洞释放出大量的辐射，不是可见光，而是像 X 射线那样不可见的电磁波。尽管在黑色的宇宙背景下黑洞无法被直接观察到，但它们会因影响周遭的环境而暴露自己的位置。黑洞通过自己周围强烈的高能 X 射线来展示自己的存在，就像类星体那样。雅科夫·泽尔多维奇和伊戈尔·诺维科夫随后写道："这个现象给出了在双星系统中寻找'黑洞'的方法。这让我想起了一个众所周知的故事：在街灯的灯柱下寻找丢失的钥匙——关键是搜索更容易找到的地方。"寻找明亮的 X 射线源远比在恒星目录中搜寻成堆摆动的恒星来得容易。幸运的是，这两位苏联科学家差不多在同一时间意识到了这一点。作为研究宇宙的新手段，X 射线天文学正在迅速成熟。

不过，该学科命途多舛，甫一诞生就濒临夭折。"二战"后不久，美国海军研究实验室的研究人员用德国遗留的 V-2 火箭，将探测器发送到远离地球大气层的外太空，以捕捉源自太阳的 X 射线。X 射线是一种电磁波，波长只有一个原子宽度，尽管对物质的穿透能力很强，但会被地球大气层完全吸收，因而不可能在地球上被检测到。

这些先驱探测器确实检测到了源自太阳的 X 射线，而且从外行的角度看，信号可谓非常强，但就宇宙的标准来看，这种强度依然是相当微弱的。因而，以 1948 年的这次发现为基础，物理学家推测，遥远的恒星释放出的 X 射线在到达地球时将会变得十分微弱，只有太阳发出的 X 射线强度的十亿分之一。由于在 20 世纪 50 年代，当时的科技水平不可能探测到这样的信号，该方法似乎不值得继续尝试。

但到了 20 世纪 60 年代早期，美国人渴望能从太空中更好地监测苏联的核试验，因而加速了对 X 射线探测器的改进研究，因为伴随着核弹的爆炸会释放出大量的 X 射线。28 岁的里卡多·贾科尼以富布莱特学者①的身份从意大利来到美国学习，后来作为物理学家受雇于一家公司——美国科学和工程研究公司，领导了 X 射线探测器研究项目。他带领的团队研制出的新型探测器在监测一系列美国核弹试验中表现得无可挑剔，没过多久，他们便把同一型号的探测器送上了太空。

一次特别的火箭发射引人注目地使宇宙 X 射线探测研究进入了新阶段，标志着 X 射线天文学②的诞生。1962 年 6 月 18 日午夜，在新墨西哥州南部的白沙导弹试验场，一枚高空探测用小火箭沐浴

---

① 富布莱特项目创建于 1946 年，以参议员富布莱特的名字命名，在全球 190 多个国家选拔高水平的学者。选拔出来的学者由美国国务院全额资助，到耶鲁、哈佛、麻省理工学院等美国顶尖级名校进行为期一年的深造，并受邀到美国的政府机构、公司和其他研究中心进行访问。

② 虽然 X 射线的探测始于 20 世纪 40 年代，但是，成为一门学科，则是人造地球卫星上天以后的事。早期的观测工作集中于太阳的研究。自从 1962 年 6 月 18 日美国麻省理工学院研究小组第一次发现来自天蝎座方向的强大 X 射线源以后，非太阳 X 射线天文学进入一个新的发展阶段。

着满月明亮的光，于一分钟内发射升空。贾科尼和他的同事赫伯特·古尔斯基、弗兰克·鲍里尼、布鲁诺·罗西在这枚火箭上搭载了3个用于探测宇宙射线的盖革计数器。在达到225千米高度后，火箭落回地球。当火箭以每秒2转的速度围绕其长轴旋转时，2个盖革计数器划过太空，记录了350秒的有用数据。这是天文学史上最富有成效的6分钟。

20世纪60年代末，美国正在加速推进其耗时甚久的目标——载人登月计划。参与该项目的贾科尼和他的同事们需要探测月球辐射出的X射线。他们推测，蕴含大量能量的太阳风撞击月球表面时会产生辐射，通过分析该辐射中的X射线光谱，对了解月球的物质组成可能有用。而关于来自宇宙的X射线，贾科尼和罗西早就怀疑，外太阳系的X射线可能来自像超新星遗骸那样的天体。"我们一直在寻求支持……坦白说，无论这种支持来自哪里，我们都会竭力一试。"贾科尼说。由于探测宇宙X射线的项目无法获得美国国家航空航天局的拨款，两位科学家巧妙地借用了美国空军资助的月球探测项目——当该项目的火箭升空时，顺便探测周围太空的X射线。

在短暂的飞行过程中，显然探测器并未检测到来自月球的X射线，但这支火箭团队并没有失望，因为他们发现了更诱人的东西——他们内心一直渴望的非太阳系X射线源发出的信号。火箭搭载的探测器检测到一股巨大的来自天蝎座方向的X射线流，这是天空中这个区域检测到的第一个X射线源，因此该辐射源被命名为天蝎座X-1。天蝎座X-1距地球约9000光年，闪耀的X射线强度超出了任何人的想象，远远大于太阳的微弱光度，是普通恒星辐射的数百万倍。这实在令人难以置信，以至于该团队一开始认为，可能是仪器坏了。其他科学家也对这个发现持谨慎态度，要求他们对结果进行核查。

随后的火箭飞行中检测到了更多和天蝎座 X-1 类似的放射源，这进一步证实了贾科尼团队最初获得的成果。1970 年，天文学家开始将 X 射线探测卫星发射升空并成功使其进入绕地轨道，此后，对宇宙射线的研究成果接连不断。在先进工具的帮助下，天文学家发现，宇宙强大的放射源中很多是双星系统中的中子星。超密的中子星会将其伴星——可见普通恒星上的物质以漏斗状吸积到其表面，同时释放出 X 射线[①]。伴随着中子星的飞速旋转，X 射线辐射呈周期性。在磁场作用下，中子星两极形成 X 射线"热区"。它忽明忽暗，就像一座灯塔上的旋转灯。这个发现是一个重要的转折点。越来越多的证据表明，中子星真实地存在于星系中。它可以既是射电脉冲星，也可以是 X 射线放射源。这项重要的发现使得天文学家更容易冒险尝试接受黑洞存在的可能。基普·索恩指出："脉冲星的发现打开了泄洪的闸门。天文学家终于愿意认真对待那些理论物理学家最疯狂的想法了，包括黑洞以及其在宇宙中扮演的角色的猜测。"

天鹅座 X-1：宇宙头号黑洞嫌疑犯

随着人们对这些 X 射线源的进一步了解（其中有一些似乎可归为一类），天文学家对黑洞的接受度也在逐渐升高。1964 年，在一系列火箭飞行中，人们发现了天鹅座 X-1 放射源，该命名表明其位

---

① 有的双星不但相互距离很近，而且有物质从一颗子星流向另外一颗子星的现象。物质流动时会发出 X 射线，故而这样的双星被称为 X 射线双星。

于天鹅座（也称为"北十字"）方向。当时，许多研究小组都忙于发射自己的火箭，以便加入到宇宙狩猎中，但各个小组测量到的天鹅座 X-1 亮度都不相同，这让所有人感到很困惑。通过第一颗 X 射线探测卫星乌呼鲁[①]长时间的观察和测量，事情终于在 1971 年有了眉目：这颗天鹅座放射源是非典型的。它不像其他放射源那样发出有规律的 X 射线脉冲，相反，其放射是零散而没有规律的，也没有可识别的模式。有时，它的 X 射线信号闪烁周期短至百万分之一秒。这表明，无论释放出这些 X 射线的是何种放射源，它都必须是相当致密的。如果该辐射源只是如正常恒星般大，辐射脉冲应当会持续更长时间。

1971 年 3 月，美国天文学会在路易斯安那州首府巴吞鲁日市召开了一次会议。贾科尼在会上提出了一个大胆设想：天鹅座 X-1 可能是一个黑洞。由于已有众多的中子星被发现，学者们已对黑洞的存在有了更多信心，更容易将黑洞纳入思考范围。在贾科尼宣布其想法的第二天，《纽约时报》在第 20 个页面顶部，以大标题宣称："X 射线探测卫星可能在太空中发现了'黑洞'。"请注意，这是 1971 年，黑洞这个词仍被放在引号中——由此可见，无论是作为真实事物还是该事物的名称，黑洞都仍未能被人们全然接受。

最终，天鹅座 X-1 的精确位置被射电天文学家和光学天文学家所确定。观测人员认为，天鹅座 X-1 的强 X 射线来自一个双星系统，该系统由一颗蓝色超级巨星（在亨利·德雷珀扩充版恒星目录中的编号相当普通：HDE226868）和一颗黑暗的不可见伴星组成。每隔

[①] Uhuru，卫星名称，由美国于 1970 年 12 月 12 日在肯尼亚发射升空。发射当天正值肯尼亚独立 7 周年纪念日，因此得名 Uhuru，该词在兹瓦西里语意为"自由"。

5.6 天，这颗蓝色超级巨星就会绕着这位看不见的"伙伴"运行一周，这让天文学家可以运用牛顿定律，计算那颗看不见的伴星的质量，结果是远超我们的太阳。而 1972 年底的轨道测量结果表明，这颗不可见恒星的质量至少是太阳的 10 倍（人们现在估计其质量约为太阳的 15 倍）。对于一颗中子星来说，这样的质量未免太庞大了[①]。因而，黑洞就成了首选。不可见加上可观的质量、迅速的 X 射线波动表明的极小体积，综合起来大大增添了黑洞的可能性。于是，天鹅座 X-1 成为"宇宙头号黑洞嫌疑犯"。

天鹅座 X-1 与地球的距离大约是 6000 光年。如果你能以某种方式在它的上方盘旋，你会看到一个巨大的气态漩涡。观测表明，黑洞从其慷慨的伙伴（伴星）那里吸取物质，并在自己周围形成一个吸积盘。在离心力和引力的作用下，吸积盘变得扁平。如同卫星绕着地球轨道运转一样，吸积盘物质并不直接掉落进黑洞；相反，它在时空中沿着越来越紧密的螺旋式漩涡轨道运转——惠勒曾把它比作体育馆附近的交通状

上图 天鹅座 X-1 黑洞从其伴星蓝色超级巨星的大气层"偷走"气体的示意图。在被黑洞吞噬之前，气体绕其时空轨道运行，与此同时，黑洞释放出大量的能量。（资料来源：NASA/CXC/M.Weiss）

① 一般认为，中子星的质量最多不超过 3 倍太阳质量。

况：越靠近体育馆，来自四面八方的车辆停放的密度就越大。

这会产生不可否认的结果：随着气体被挤压得越来越致密，其温度急剧升高。当被加热到数千万度时，炽热的气体喷射出大量的高能量 X 射线，这就是用 X 射线望远镜捕捉到的在物质被引力惊人的无底洞吸入、从我们的视野中消失之前发出的辐射。任何一团气体要从吸积盘外沿穿越上百万英里到达不归点（视界），可能需要几周甚至几个月的时间。但在它被吸入之前的最后时刻，会以每秒几千次的频率绕着黑洞打转，极易产生快速的 X 射线波动。

霍金不光彩的赌约

当然，整个过程还需天文学家花费一些时日来详细阐述及证明。第一个宣称天鹅座 X-1 可能是黑洞的人无疑要承担风险。"请拿出证据"，这几乎是每一个天文学家挂在嘴边的话。大部分证据都是未经证实的细节——与其说是无懈可击的论证，倒不如说是连点成线的游戏。

因而，天鹅座 X-1 的前景既让人期待，又充满争议。甚至在 1974 年 12 月，史蒂芬·霍金和基普·索恩还为此在加州理工学院打了一次不光彩的赌，并立下了一张手写在普通信纸上的赌约，赌注是为赢家订阅美国或英国的色情杂志：

> 鉴于史蒂芬·霍金在广义相对论和黑洞上的巨大投入，
> 他渴望一份保险单；而基普·索恩不需要任何保险单，宁可
> 生活在危机中。

故订立此赌约：史蒂芬·霍金押注《阁楼》一年订阅费用，赌天鹅座 X-1 不包含质量高于钱德拉塞卡极限的黑洞；而基普·索恩押注《私家侦探》四年订阅费用，赌相反的胜面。

显然，索恩的赌注更慷慨，他的信心膨胀到了霍金的 4 倍。

赌约的验证不太容易，但 X 射线天文学的发展加速了这个过程。乌呼鲁卫星于 1978 年升空，搭载了天文学史上第一台真正的 X 射线望远镜。与只能记录信号强度的盖革计数器不同，星载 X 射线望远镜配备了一组能够聚集 X 射线的嵌套镜，使辐射图像如同地面光学望远镜那样被清晰记录。到了 1990 年，据索恩描述，天鹅座 X-1 看起来越来越像一个黑洞，他已有 95% 的把握赢得赌注。局势明朗到足以让霍金低头认输。"1990 年 6 月的一个深夜，我还在莫斯科，与苏联的同行们做一项研究。"索恩讲述道，"史蒂芬和他随行的家人、护士及朋友突然大张旗鼓地闯进我在加州理工学院的办公室，找到那张写着赌约的信纸，史蒂芬在上面简短地写了说明性文字，又印了拇指印，表示认输。"索恩赢得了赌注——霍金为他订阅了一年的《阁楼》。不过，索恩的妻子卡洛琳·温斯坦对这份赌酬有些不悦。

形状奇特的宇宙射流是如何产生的？

尽管已有一些能更好地证明黑洞确实存在的"证人"从遥远的宇宙深处走来，但天文学家仍在用他们"军火库"里的所有"光谱武器"，包括光学望远镜、X射线望远镜以及最有效率的射电望远镜，时时刻刻、持续不断地监测着类星体和射电星系。

在光学照片中，射电星系的图像显得乏味呆板。但射电望远镜，如前所述，有能力让这些星系展现出其扑朔迷离的结构。天文学家发现，星系可见部分隐隐约约被夹在两片巨大的叶片状的射电辐射面之间，这两片射电辐射面看起来像一对巨大的浮袋，"叶面"在可见星系的边缘外延伸出成百上千光年。到了20世纪70年代初，一些英国理论物理学家，包括马丁·里斯和罗杰·布兰德福德，认为存在某种巨量的等离子束，正在为这些"叶片"源源不绝地提供能量。

上图　位于巨型椭圆星系M87中心的超大质量黑洞，喷射出强大的电子和亚原子流。该星系距离地球约5000万光年。（资料来源：NASA及哈勃文物小组）

为了确定等离子体激发湍流的位置，各地建立了更大规模的射电望远镜网。例如，甚大天线阵是由27台天线连线组成的Y字形射电望远镜阵列，坐落于新墨西哥州广阔的平原上，可以模拟一座和整个达拉斯一样大的单筒射电望远镜。随着天线阵功率的增加和分辨率的提高，射电图像显示的内容证实了英国理论物理学家之前的猜测：

一条脐带连接着射电星系的中心及其"叶片"，两束细细的携带着大量能量的带电粒子，以每秒数万千米的速度从星系中心向两个完全相反的方向射出。

如同高压消防水柱般，这些宇宙射流穿过星际空间中的稀薄气体，猛烈撞击到一片密度较高的气体区域，就像高压水柱撞上一堵砖墙那样。此时，离子流中的粒子飞溅而出，填满了庞大的"叶片"区域。

那么，自然而然地，问题出现了：这些宇宙射流是如何产生的？学者们一致认为，其动力源必须非常特别才行。首先，为了让离子流保持数百万年的定向喷射，动力源必须相当稳定。这些射电"图像"非常清晰，经过放大后能展现星系最核心处的图像。图像还显示出一个亮度在几天或几周内波动的微小的点，这表明，动力源的大小与太阳系相当。此外，该动力源还必须能以某种方式使其能够驱动两个相反方向的离子流。

只有一种动力源完全满足所有特征：一个由数百万个、甚至达数十亿个太阳坍缩而形成的旋转黑洞。这些恒星一开始可能挤在一起，形成一个非常密集的恒星群，也是一种在早期拥挤的星系中心很容易形成的集群。此外，这些第一代恒星是由在宇宙大爆炸中形成的氢和氦构成的，缺乏那些随后聚变生成的较重的元素，因此它们的体积可能十分巨大，大到令它们的生命周期变得非常短暂，因而英年早逝，形成黑洞。在内部的引力作用下，这些多不胜数的黑洞最终可能合并成一个巨无霸，在漫长的岁月中，通过"吃掉"任何离它过近的恒星或气体保持增长。

又或者，这种动力源是大量的"婴儿"星系组成的大体上整块的星系群，合并为一个大的星系。在动荡和混乱中，这个联合体引

190

导巨量的气体流向中心，这个过程不断累积，形成了令人难以置信的密度。这些气体是如此稠密，以至于没能变成恒星，反而直接坍缩成巨大的黑洞。小黑洞不断地长大、再长大，成为超大质量黑洞。超大质量黑洞的最终尺寸取决于星系中央隆起部分的质量。天文学家已发现了这种正相关关系：星系中央隆起部分的质量越高，中央黑洞的尺寸就越大。

无论这个巨大的黑洞是如何产生的，理论物理学家已很快意识到：这样的物体是一个活跃星系最有效的动力源。当物质被拽入引力深井，粒子会被加速到接近光速——这台"引力发动机"可以产生比核发动机高 100 倍的能量。

能量如何逃出黑洞?

你也许会问：既然黑洞会吞噬任何进入它的东西，那么，能量又是如何逃出的？只需构想一下黑洞周围的环境，你就能得到答案。

在整个 60 年代，正如前面提到过的，很多理论物理学家，包括雅科夫·泽尔多维奇、伊戈尔·诺维科夫、埃德温·萨尔皮特以及英国天体物理学家唐纳德·林登贝尔，大都认为，在黑洞强大的引力作用下，恒星和气体将形成一个面包圈式的环，围绕在黑洞身边。如同水流汇聚后会在下水口附近打旋一般，骤然跌落的气体在超大质量黑洞周围形成一个"吸积盘"。与前面讲到的围绕着天鹅座 X-1 的吸积盘一样，这个盘状物在旋转，旋转方向与黑洞一致。当向内旋转的物质大漩涡冲向这个黑色的无底洞，并在引力拔河中被撕裂、分离时，会释放出大量的能量。那些尚未到达黑洞视界的余下的气体，可能会在磁场中受到磁偏转作用，从垂直于涡旋的方向溢出，就像用来填充甜甜圈中心空洞的奶油会漏出一样。这是射流的一个可能来源。

还有另一种可能。这股可观的能量也许是从星系超大质量黑洞的旋转能量中溢出的。在这种情形下，黑洞充当了发动机——宇宙级别的发动机。在此场景中，源自"吸积盘"气体的磁力线穿过旋转黑洞的外表面，随着黑洞一起旋转。由于黑洞以令人难以置信的速度快速自转，黑洞南北极的磁场线如同五朔节①花柱上的彩带一般盘旋缠绕，这就形成了两个相对方向上狭窄但却十分强有力的通道。如同银河系发电厂中巨大的涡轮机，这些旋转区域产生巨大的电势，驱动着粒子束沿着通道从两个相对方向以接近光速的速度喷涌而出。（该模型由现任职于斯坦福大学的英裔理论物理学家罗杰·布兰德福和罗曼·兹纳耶克于 1977 年共同提出。）以此方式，能量被从快速旋转的黑洞中提取出来。这是目前已知的宇宙中最有效的质能转化机制。

在自旋作用下，黑洞就像一个旋转的陀螺，具有维持固定方向的能力，这就是星际离子流可以长时间稳定地流向同一个方向且永远不会改变的原因。

在过去几十年里，这个模型经过了许多理论物理学家的纠正和完善。它根植于罗伊·克尔对爱因斯坦广义相对论方程得到的精确解，这个解描述了旋转对时空结构的影响。

---

① 五朔节是欧洲传统民间节日，时间为每年 5 月 1 日。

命中注定的邂逅

现在，天文学家看到了一个演化链：从往昔的类星体（那些活跃的超大质量黑洞）到今天的星系。随着观测者的目光回溯得越来越远，他们观察到越来越多的亮度极高的类星体。那是因为，宇宙曾是如此崭新而充满朝气，由无数星系构成，每个星系都充斥着许多由大量气体包围的新生恒星。在这种情形下，每个年轻的星系中心形成的超大质量黑洞能够大快朵颐，如同"吃货"在尽情"享用"自助餐一样。

但这样的"食物供应"终究是有限的，而且黑洞也只能吞噬一定距离内的物质。这样的困境正如天文学家理查德·格林曾经打过的比方：油表的指针已走到尽头，视线所及之处一个加油站也没有。所以，一千万年到一亿年的时光流逝后，尽管这段时间在宇宙历史上仅仅是短暂的昙花一现，但类星体绚丽的光芒最终还是会逐渐衰弱或冷却，退化到一个不活跃的状态。它变成一个看起来再也普通不过的星系。人们曾认为，类星体的活动很少，但天文学家现在相信，每一个体型庞大、中央隆起的星系中心都有一个巨型黑洞，古老的类星体也依然可以被再次触发。举例来说，一个相当普通的星系，若与另一个星系相撞，就会有新的气体产生并供应给安稳地踞坐于星系中心的"大胃王"，从而摇身一变，成为闪耀的活跃星系或强射电星系，招摇地向世界宣告自己的存在。

在我们银河系的中心，停泊着类星体的前任——一个仍在沉睡中的超大质量黑洞。一支遍布全球的射电天文学家团队正准备采取大规模行动，以描绘这个黑洞投射在周围明亮气体排放物上的影子。

据估计，银河系中心黑洞的质量约为太阳的 400 万倍（与其他星系中动辄数十亿倍太阳质量的黑洞相比，它还是太小了），现正在低档怠速运转。当它偶尔捕捉到附近的一些燃料（比如，一个气体云团落入其中），其动力来源会稍稍活跃起来。这弱小的活动与 40 亿年后可能发生的巨变相比微不足道。当旋转的银河系慢慢与近邻仙女座星系（其中心黑洞的大小约为银河系黑洞的 10 倍）相撞时，这头巨兽将被完全唤醒，并发出震耳欲聋的咆哮。在这次命中注定的邂逅的尾声中，两大星系将合并为一个巨型椭圆星系，它们的黑洞也会合并。伴随合并后的黑洞吞噬着碰撞产生的新鲜气体资源，一场惊人的演出在上演，新黑洞的质量会持续增长到至少太阳质量的一亿倍。

第 12 章

黑洞本质

不同尺度下的黑洞会有完全不同的特征

　　从热力学角度看，贝肯斯坦认为黑洞的熵值不应为零，对此霍金却不愿苟同。而此前关于黑洞的所有描述中，量子力学并未被考虑在内。从原子角度看，黑洞会是什么样子？黑洞的本质究竟是什么？关于黑洞仍有许多疑团，等待着一个"大一统理论"给出终极答案。

黑洞不是这么黑的。

———史蒂芬·霍金

以量子力学重塑引力理论

到目前为止，本书对黑洞的叙述尚不能算完整。根植于经典的数学方案，广义相对论对黑洞行为的描述听上去可能很奇怪，因为量子力学还没有被考虑进去。

从原子角度来看，黑洞会是什么样子呢？除了引力外的其他三种力都已有了相关的量子理论：电磁力、强核力和弱核力，而引力的量子理论仍然缺失。将广义相对论与量子力学理论完全统一，这是理论物理学剩下的唯一任务，也是最艰巨的任务[①]。

引力的量子理论迟迟没有建立是有原因的。其他三

[①] 广义相对论使用一系列微分方程描述了一个数学上所谓平滑连续的可微分空间，在外人看来，相对论在数学上是平滑的；而量子力学描述的是一个量子化的世界，世界上的物质是离散的，存在不连续性。爱因斯坦用其余生来探寻将广义相对论与量子力学统一起的方法，但一无所获。在接下来的几十年里也没有人完成他的梦想。

种力所涉及的粒子都遵循量子世界的概率规则，所以这些力可以纳入宏大的数学方案里。相对论的关键参数是用几何表述的（至少爱因斯坦制定参数的方式是这样），如时空的曲率。似乎自然界建立了两套不同的规则：一套为电磁力、强核力和弱核力而设，另一套专为引力而设。在一个领域应用良好的工具在另一个领域则未必适用，引力和量子力学不太容易在数学上达成共融。

尽管存在这样的困难，在 19 世纪五六十年代，一些研究者还是认为，将沉睡了几十年的广义相对论唤醒的最好方法，就是重新启动 30 年代早已提出的一种思路——将量子力学引入广义相对论。保罗·狄拉克、理查德·费曼、布莱斯·德维特等一批著名的物理学家在此方面首开先河，指出引力可以用另一种方式描述。量子世界中的一切，如能量、动量、自旋等，都是由不可被进一步分割的微观粒子构成，各种力都自然纳入这个框架。量子世界把力的概念转换为力粒子的交换，就像是亚原子的网球比赛。比如说，我们不再把磁性看作是来自磁体无形磁力线的结果，在电磁学中，这个小型的网球是光子，一种在带电粒子之间不断交换、产生引力或者斥力的粒子。把类似的概念应用到引力上，人们猜测，两个物质之间的吸引力是靠不断传播或吸收"引力子"传递的——但引力子仍未被发现，只是假想中的粒子。

但是，以这种方式重塑引力困难重重。把力当作粒子的理论物理学家们默认，亚原子世界的每一个事件都是在固定不变的空间和时间背景下发生的。时空是舞台的话，像光子这样的粒子就是演员，它们在舞台上来回飞舞。时空不是参与者。但是，在广义相对论里，没有舞台和演员的分别。根据爱因斯坦的理论，引力就是时空的几何。因此，引力子既是演员，又是舞台。引力子登上时空的舞台，同时弯曲或扭曲舞台，就好像时空是吉露果冻①一样。对于此种困境，有志于解决该问题的理论物理学家还远未达成完整的共识。

霍金：黑洞视界只增不减

但是，在对黑洞的物理属性作扩展分析时，几位年轻的物理学后起之秀发现了看待上述问题的新视角。史蒂芬·霍金就是其中之一。21 岁时，他被诊断出患有肌萎缩性侧索硬化症，也被称为卢伽雷氏症，预计活不过三年，现在他已打破预言，成功活过了半个世纪。

还在牛津大学读本科时，霍金就流露出难掩的天才光芒，但那时的他不得不面对重疾的挑战。这种罕见疾病导致的并发症可能会使他早亡，他后来承认，这反倒成为他在学术道路上孜孜以求的动力源泉。

在剑桥大学攻读博士学位时，霍金选择了宇宙学。那时候，宇宙学比一般学科更依赖推测，所以这是一个冒险的选择。当霍金在1966 年获得博士学位时，成功不期而至。首先，他不仅证明了宇宙大爆炸似乎来自密度无穷大的质-能点②，而且还证明了没有其他方法可以产生大爆炸。其次，他发现了引力和量子力学之间的重要联系，而在此之前，这两个领域是完全不兼容的。正如他在自己的畅销书《时间简史》（*A Brief History of Time*）中所写的那样，有天晚上，

---

① 美国的一种果冻品牌。

② 这里指致密奇点。

他在上床睡觉时开始了对这个问题的思考。"(1970 年）11 月的一个晚上……我正准备上床睡觉，于是开始思考黑洞问题。我身体的无力使我上床的过程非常缓慢，所以，我有充裕的时间思考。"

经过深思熟虑后，霍金最终证明，当物质落入黑洞，黑洞的视界一定是不断增大的，永远不会减小。这应该是显而易见的。因为据黑洞的定义，永远没有东西从黑洞里面逃出来，不过在此之前，这是数学上的模糊定义。正如霍金所说："没有清晰的定义说明，时空中的哪些点是在黑洞内、哪些点是在黑洞外的。"而霍金给出了明晰的定义。

那一年 12 月，第五届得州相对论天体物理学研讨会在奥斯汀举行，会议以黑洞研究为主题，结果大受欢迎，吸引了很多人。会议的盛况出乎主办方的意料，于是不得不把会议转移到一个更大的礼堂举行。霍金在这次会议上宣布了自己的成果。

黑洞的表面区域一定是不断增加的，这一事实看起来很像经典物理学中的熵法则。熵值用于衡量一个系统的混乱程度，即看看系统究竟有多混乱。熵值越高，混程度就越高。如果没有外界的干预，一个系统的熵值总是增高的。一块坚硬的冰块融化后会形成一个形状不规则的水洼，但如果手头没有冰箱提供能量的话，混乱的水就不能依靠自身重新排序结成冰，仍然会是一洼水。同样，黑洞吞噬了更多物质后，视界的周长只会增大而永远不会减小。不过，霍金和他的同事们认为，熵值和黑洞周长之间的这种相似性仅仅是一个类比，二者的发展趋势都局限于只是增大，但这并不意味着它们实际上会发生任何关联。

从"黑洞有熵"到"霍金辐射"

但是，约翰·惠勒的一名学生雅各伯·贝肯斯坦大胆断言：这种关联是真实存在的，视界的面积确实是可以直接测量的黑洞熵值。从表面看来，这个命题似乎很奇怪。因为从传统的角度来看，黑洞是高度有序的。其强大的引力会牢牢吸引影响范围内的一切东西，永远不让它们逃逸。但事实上，有些人对"黑洞的熵值是否为零"持怀疑态度。这意味着，它有可能并不处于最高级别的有序状态下。难道不是所有物质都被压缩为一个无限小的点吗？

在这样的看法支配下，一些人警告贝肯斯坦，他的研究正朝着错误的方向发展。但是，贝肯斯坦后来回忆道："我从惠勒发表的意见中得到些许安慰。他认为，'黑洞中的热力学是疯狂的，也许足够疯狂到它就是这样运行的。'"他的话的确引起了更多人的关注。就他正在开展的研究工作，贝肯斯坦召开了一次人数众多的研讨会，地址就在得克萨斯大学内的一栋房屋里。他给惠勒的信中这样写道："我想……这么多人参加我的研讨会，与其说是由于这个特定的主题，不如说是黑洞物理学的巨大魅力。是的，黑洞已然成为物理学和天文学中最热门的话题，这尤其要感谢您于早期在传播这种思想方面所付出的努力。"

在继续其计算的过程中，这位年轻的学生逐渐意识到：黑洞也有温度。但他到这里停住了。起初，他甚至竭力避免得出这种结论。大家公认，是黑洞攫住了它吞噬的一切，而不释放出任何东西，所以，它不可能有"温度"。此处所说的温度不是真正意义上的温度，有"温度"意味着，黑洞会释放被我们作为热量探测到的辐射。贝肯斯坦

史蒂芬·霍金。(资料来源：美国物理研究所埃米利奥·塞格雷视觉档案室)

当爱因斯坦说"上帝不掷骰子"时，他错了。对黑洞的研究表明，上帝不仅掷骰子，而且有时还会把骰子掷到人们看不见的地方去。

——史蒂芬·霍金

在他 1973 年发表的论文中得出这样的结论:"这种验证很容易导致各种矛盾,因而这个结果并不怎么有用。"那时,所有顶级理论物理学家都宣称,黑洞的温度"清楚无误地为零度"。

史蒂芬·霍金也是这样认为的。他非常怀疑贝肯斯坦的"黑洞有熵"方案,并打算发表论文证明其结论是错误的。"我受到激励,部分原因是我对贝肯斯坦的成果感到愤怒。"霍金在《时间简史》中说。霍金认为,贝肯斯坦误用了自己早些时候写的一篇关于视界面积增加的论文。"然而,"霍金承认,"我的工作最后却得出这样的结果:贝肯斯坦大致正确。"

霍金最初对贝肯斯坦的方案持怀疑态度,是因为任何具有熵值的物体也应该是辐射体。但是黑洞,就其定义而言,不允许任何进入其视界内的物质辐射或逃逸到外部——或者它还是会允许逃逸呢?随着霍金对这个问题的不断深入,他被深深地迷住了,最终取得了他对理论物理学最大的贡献之一。

从一个不同的角度,即原子角度观察黑洞时,霍金的观点改变了。1973 年秋天的一次莫斯科之行,引领他顺着这个思路继续思考。在访问期间,他和苏联科学家雅科夫·泽尔多维奇及其研究生亚历山大·斯特拉文斯基有过交流。这两人认为,在特殊情况下,当黑洞旋转时,它会把转动能量转化为辐射,从而创造出粒子。这种粒子辐射将持续进行,直到旋转黑洞逐渐慢下来,停止转动为止。

霍金设计了自己的数学方案,向这个问题发起了冲击。他惊讶地发现,所有黑洞,不管旋转或不旋转,都会释放辐射。正如霍金后来所说"黑洞不是这么黑的",这也是《时间简史》第 7 章的标题。

黑洞会蒸发吗？会爆炸吗？

1974 年 2 月，一场关于量子引力的研讨会在牛津附近的卢瑟福实验室召开，霍金在这次会议上宣布了自己的新发现。他的报告很快于 3 月 1 日发表在《自然》杂志上，他的演讲和论文也采用了同样的标题："黑洞会爆炸吗？"这是一个有趣的问题。提到黑洞爆炸是有原因的。把量子力学定律应用到黑洞研究时，霍金发现，既然黑洞创造和释放粒子，就应该是发热的物体，因此，黑洞的质量慢慢减少，最终消失在最后的爆炸中。这样的发现令黑洞物理学彻底改观。根据原来的定义，黑洞吞噬一切，不释放任何物质或辐射，也永远不会消失。

霍金估计，质量相当于几个恒星的普通黑洞，需要比宇宙年龄更长的时间才能完全蒸发。对于恒星级或只比恒星大一点的黑洞来说，这种衰减会花费超过 10^{66} 年的时间。但是，对于在大爆炸的湍流中产生的极小的黑洞，如重 10^{15} 克左右、大约只有一座小山质量的黑洞，又会如何？答案是，它们会立刻以猛烈的爆炸而告终。据霍金计算，这一"微小"的物体在生命最后的十分之一秒里，将释放出 100 万个百万吨级氢弹的能量。

不用说，该想法不会立即使其他物理学家信服。相对论学者维尔纳·伊斯雷尔说："（霍金的观点）一经发表，就引起了强烈反对……持怀疑态度的大有人在，几乎就是一边倒。"当霍金在 2 月那次研讨会上第一次宣布他的结果时，就受到绝对的怀疑。在霍金发言结束后，会议主席、来自伦敦国王学院的约翰·泰勒，声称这是无稽之谈。"对不起，史蒂芬，"他说，"但我得说，这完全是胡说八道。"

在接下来的两年里，人们才逐渐认识到，霍金在黑洞研究方面取得的突破是如何惊人。"我乐观其成，"曾被霍金怀疑的贝肯斯坦表示，"因为霍金找到了黑洞热力学缺失的部分。"黑洞的温度根本不是绝对零度，它具有热辐射，这种辐射现已有了专门的称呼"霍金辐射"[1]。

霍金是通过研究黑洞如何在亚微观尺度上影响其周围环境而得出这一结论的。他认为，黑洞附近的时空被扭曲得很厉害，这能使黑洞外的虚粒子对（由一个虚粒子和虚反粒子组成）转化为实物粒子。可以认为，这是从黑洞强大的引力场中提取能量，然后再转换为物质。

但是，我们是在谈论最微小尺度上的物理学，视界的精准边界线现在仍很模糊。因此有时候，新产生的粒子对中的一个粒子被吸引进黑洞，一去不复返了，另一个则有幸躲过一劫，逃逸到无限远。因此，黑洞的总质－能减少了一点点。这意味着，黑洞实际上是在蒸发——粒子一个接着一个地逃逸，黑洞就这样缓慢地、一点点地失去质量。

对于恒星级黑洞来说，这种奇特而缓慢的量子效应过程是没有意义的。就像上面提到过的，以这样的速度，常规尺寸的黑洞需要经过数万万亿年后，才会蒸发完毕。通过测量黑洞辐射物得出的黑洞温度，仅仅在绝对零度以上，不超过一百万分之一度。但霍金认

[1] 在"真空"的宇宙中，根据海森堡不确定性原理，会在瞬间凭空产生一对正反虚粒子，然后瞬间消失，以符合能量守恒。在黑洞视界之外也不例外。霍金推想，如果在黑洞外产生了虚粒子对，其中一个被黑洞吸引进去，而另一个逃逸了出来。如果是这样，那个逃逸的粒子获得了能量，也不需要跟其相反的粒子湮灭，可以逃逸到无限远。在外界看就像黑洞发射粒子一样。这个猜想后来被证实，这种辐射被命名为霍金辐射。

为，在宇宙大爆炸后开始膨胀的早期阶段，可能会产生大量微型黑洞。像球从山上滚下来速度会越来越快那样，随着时间的推移，微型黑洞蒸发的速度会越来越快。于是，这种宇宙原生微型黑洞的质量失去得越多，粒子就越容易逃离，这更加速了质量的失去，最终黑洞因蒸发得越来越快而爆发性解体。

如果一些微型黑洞确实是在宇宙大爆炸时期形成的话，那么，最小的黑洞在我们观测到其垂死之光前就已消失了。质量仅相当于一座山而体积被压缩到一个质子大小的黑洞，会在散发掉其最后质量那一时刻，爆发出短暂而壮观的伽马射线。尽管目前尚未检测到确定是从这种微型黑洞发出的信号，但天文学家一直持续关注着这种独特的爆炸。

基于量子力学的黑洞

故事远不止如此简单。霍金的黑洞学说开启了人们对黑洞的全新思考，还有对已知物理定律的怀疑。尽管黑洞的行为看起来非常怪异，但黑洞是基于经典物理方程的计算得来的。爱因斯坦的广义相对论是运用 19 世纪的数学、以时空为基本量构建的。从这个观点来看，黑洞是时空结构上平滑的、连续的点。视界是不归点，但是在这个过渡层，时空没有可见的变化。霍金表示，从亚微观尺度看，黑洞具有完全不同的个性特征。当粒子不断蒸发，甚至随着黑洞年龄的增长，这种蒸发变得更猛烈时，视界不再是平滑的，而是变得模糊而难以辨认。这让物理学家一时真假难分，哪一个才是真正的黑洞？应该相信基于爱因斯坦理论的黑洞，还是基于量子力学的黑洞？如何让两种完全不同的观点彼此协调？

有那么一段时间，一些人想知道，是否可以改变黑洞量子力学的规则：在视界内的量子效应与我们测量的视界外的量子效应应该有所不同。但黑洞研究最前沿的物理学家开始怀疑，视界会成为广义相对论的瓶颈，如同当初的牛顿定律遭遇到了强引力场——在处理太阳或大质量中子星附近的强引力场问题上，牛顿定律心有余而力不足。爱因斯坦修正了牛顿定律，而如今为了揭示黑洞的全部物理特性，爱因斯坦的理论可能也需要修正。只有当物理学家把广义相对论与量子理论统一起来，形成包罗万象的量子引力理论时，黑洞问题的真正答案才会水落石出。

几十年来，许多科学家一直在做这样的努力，并且取得了一定的进展，但仍远未成功。许多从事量子引力学研究的人认为，爱因斯坦理论中的核心物理量——时空，也许并非最基本的。时空也许是其他类型"更小的物理量"的外显部分（正如物理学家所表述的），即完整的量子引力理论建立时才能识别某种量子粒子。从这个角度看，无论是空间还是时间上的最小尺度，都没有任何意义。这就像一幅新印象派画作一样，你近距离观察局部涂抹的斑点，是无法理解整幅画的。从某个局部范围来看，这幅画除了随机的点阵列外，什么都不是。但当你向后移动，那些点开始融合在一起，可辨认的一幅图画就会慢慢映入你的眼帘。时空是我们所熟知的实体。同样地，当我们在越来越大的尺度上仔细查看时，时空也可能会呈现出某种形态。我们可以把时空简单看作是可知觉的物质，在大尺度上看时，它是可见的，而在最小尺度上，它是不可想象的。你可以认为，时空是从深藏于真空核心内部的量子混沌的混乱中，产生出来的"（宏观的）固体化"或"结晶"。

这是在黑洞的视界才可能揭示出的新视野。几十年来，只有天体物理学家或广义相对论学者，通过研究黑洞并寻找这种终极实验，以证实爱因斯坦的理论。但是现在，量子物理学家也对黑洞发生了浓厚的兴趣。他们相信，把所有自然之力纳入一个统一的理论框架下，其线索可能恰恰就在视界内。视界是量子力学微观宇宙和广义相对论宏观宇宙无缝对接的重要边界。甚至在一些最新的模型中，任何胆敢进入黑洞的宇航员，如本书第10章所述的那样，都不会顺利穿越视界。他们不是穿过视界平静的通道，然后快速下降到奇点，而是会戏剧性地摔到一个"防火墙"①里。在这里，时空被分解为基本单元。奇点将不再起作用。虽然幸免于葬身奇点，但宇航员仍将被分解为量子颗粒。

物理学上的终极问题

但没有人知道确切的答案。物理学家在寻找"大一统理论"，如现在已有的弦理论及圈量子引力理论，但仍不知道最终的答案会揭示什么。除了遭遇"防火墙"外，穿越视界时，可能会出现某种别的变化，也可能没有任何变化。约翰·惠勒晚年仍抱有一丝希望，希望黑洞的中心有一个限定的结构。他想象，"黑洞的核心会被证

---

① 量子力学表明黑洞视界上会有量子缠结，就在黑洞里面和外面的微粒之间。但如果这种缠结消失，带能量的微粒便会织成一道壁垒。能量幕帘，或者说"防火墙"，会在黑洞视界周围下降。科学家首次发现了这种缠结是所有黑洞都有的，并考虑到随着黑洞的年龄增长，还将会发生什么事。缠结形式越大，防火墙下降时间就越退后。但如果缠结达到最大，防火墙就不会出现。

明有某种结构，尽管它微小得超出所有人的想象。"

就像 20 世纪 60 年代的天体物理学家难以理解传统的能量产生方式如何支撑类星体巨大的能量来源一样，黑洞的研究者们在明白无误地了解黑洞这个宇宙新成员之前，也很难接受黑洞作为宇宙引擎而存在的这一事实。这真的出乎很多人的意料。

霍金于 20 世纪 70 年代开启了关于黑洞本质的话题，这一讨论一直持续到今天。跟随量子引力理论先驱们的脚步，他让更多同行看到了引力和量子力学之间意义深远的联系。随着对弥漫于整个宇宙的微波背景辐射的深入分析，2014 年所得到的进一步证据表明，似乎引力的确在大爆炸最早时刻是"量子化"的。而 2016 年 2 月 11 日，LIGO 科学合作组织宣布首次探测到了来自于双黑洞合并的引力波信号，这不仅成为黑洞存在的无可置疑的明证，同时也证实了恒星级双黑洞系统的存在。至此，爱因斯坦关于广义相对论的所有预言都被证实。引力波是否会携带更多之前从未被观测到的黑洞信息或宇宙信息？引力波会否如射电波一样，给我们带来全新的视野？尽管广义相对论和量子理论这两大独立的理论尚未能正式统一，但已有一些迹象表明，这个物理学上的终极问题终有一天会得到解决，而黑洞，就是物理学家实现这一宏愿的首要向导。

引力波探测与黑洞

结　语

　　汉福德场区是美国主要的核废料存储库，占据了华盛顿州中南部上千平方千米的灌丛沙漠。那里有一座由加州理工学院和麻省理工学院共同管理的激光干涉引力波天文台[1]，简称是 LIGO（其发音为 LIE-go）。

　　这座天文台孤零零地矗立于广阔的平原上，平原由很久以前古老冰川湖的大洪水冲刷而成。天文台的建筑群就像一座现代艺术博物馆，突兀地矗立在那儿。在路易斯安那州巴吞鲁日郊外列文斯顿郊区的松树林里，你可以找到与它一模一样的复制品，色调是相同的奶油色、蓝色以及银灰色。与建立在（或正在建设中的）意大利、日本以及印度的同类天文台一起，它们成为 21 世纪人类最先进的天文观测工具之一。

---

[1] Laser Interferometer Gravitational-Wave Observatory，简称 LIGO，美国分别于路易斯安那州的列文斯顿和华盛顿州的汉福德建造了两个引力波探测天文台。

　　这些天文台正在搜寻着引力辐射波，或者更简单地说是引力波，因为后者更为大众媒体所熟知。就在爱因斯坦提出广义相对论不久后的 1916 年和 1918 年，他预言了引力波存在的可能性。他那时已认识到，就像电磁波中的无线电波是由电荷在天线中上下流动时产生的那样，当物质来回移动时，引力辐射波随之产生。电磁波——不管它们是可见光、红外线，还是无线电波，大体上都能够揭示天体对象的物理状况，如它有多热、它的年龄多大了或它是由什么构成的，这就是标准天文台几十年来一直在做的事情。而另一方面，引力波将告诉我们一些完全不同的信息。它们能给我们描绘出大质量天体的宏观运动。

　　从字面意思上理解，引力波就是时空结构的波动，是伴随宇宙中最猛烈的事件而产生的隆隆回声。这种波动可能源于一颗曾经光彩夺目的恒星燃烧殆尽时的超新星爆发，也可能是中子星们令人眼花缭乱的旋转引发的，抑或是在两个黑洞围绕着对方小心翼翼地舞蹈、越转越近、直到它们在壮观的碰撞中合并时产生的。由黑洞本身产生的引力波信号，可以作为黑洞存在的直接证据。天文学家正是想通过探测引力波来证明黑洞的存在。如果探测到了源自黑洞的引力波，黑洞理论将会获得最终证实。

　　然而，实现这种探测的引力波仪器，却远非普通望远镜上的探测器那么简单易得，因为还没有可以用来观测整个宇宙的镜头。人们将相比之下又长又粗大的管道彼此安放成直角。例如，在华盛顿州和路易斯安那州的乡下，人们建造的两个引力波探测器所使用的管道向外延伸长达 4 千米。在这道乡村风景线中，每一对管道形成一个巨大的字母"L"。和石油管道类似，这些管道内部就像太空一样是真空的。管道的每一端都悬挂着镜子，有连续不断的激光束在它们之间往返折射。

引力波天文台就是这样设置的，因为引力波经过时会对时空产生特有的扰动。引力波沿着一个方向——比如说南北方向压缩空间，与此同时在垂直的方向——东西方向上拉伸空间。因此，引力波经过观测仪时，会挤压管道的其中一臂，导致此臂两个端点的镜子相互靠拢，而另一臂的镜子则会彼此分离。一毫秒后，随着引力波继续传播，这种效应会反转，被压缩的臂将会变为被伸展，而原本被伸展的臂将会变为被压缩。而激光光束则不断测量反射镜之间的距离，将这个循环变化记录下来。

整个过程比听起来的要复杂得多。两个黑洞碰撞所触发的引力波是非常强大的，空间会因此震荡，并且是剧烈的震荡。这种宏大的碰撞引发的空间震荡以光速涌过整个宇宙，但他们不会以光波在空间传播的方式来传播，而是以空间本身波动的方式传播。当引力波经过时，会交替压缩和拉伸所过之处的时空结构，这样的波动将是致命的，能在 1 毫秒内，把一个身高 180 厘米的正常人拉伸到 360 厘米，再把他挤压到 90 厘米以下，随后再次将他拉伸。附近的任何行星都将被撕成碎片。

但波动会随着向外扩展而逐渐减弱，就像把一块石头扔进池塘里涟漪会逐渐变弱那样。这些波动抵达地球时，所导致的拉伸

212

和收缩在时空中的规模将远远小于质子的宽度。

为了能观测到如此微小的波动，引力波天文学家可谓煞费苦心，尽可能地消除天文台附近的环境干扰，路过的卡车所导致的震动或者地震的震波都已被剔除。不同条件下的引力波信号，都拥有相应的理论预测"模板"，必须时时将观测数据与之比较。探测活动由多个独立天文台同时进行，通过各天文台间的相互比较，增加了观测结果的可信度。这些天文台分布在半个甚至超过半个美洲大陆的广阔区域。

中子星碰撞可能是引力波的主要来源。已有天文台能够观测并记录中子星双星的最后时刻，就是那种城市大小、致密而彼此环绕运行的双星系统。激光干涉引力波天文台最容易接收到频率在 100 到 3000 赫兹的信号，恰好是我们的耳朵能够听到的声音。因此，一旦引力波被电子设备记录下来，你就可以真真切切地倾听它的声音。引力波天文台将会把声音加入到我们的宇宙意识中。中子星的碰撞会以低沉的呜咽声开始，然后频率迅速飙升至顶点，就像快速接近的救护车警笛声。

尽管如此，能观测到的最强的引力波信号依然来源于两个黑洞的碰撞。当旋转的黑洞将要相遇时，向内旋转的速度越来越快，直到接近光速。据预测，低沉的呜咽声将会逐渐变成快速的唧唧声——类似于鸟类的颤音——在大约几秒钟内频率迅速上升，而一段毫秒级长短的如同敲击钹所发出的响声，将预报黑洞最终的碰撞和合并。两个黑洞合二为一，紧接着一段铃响，类似于逐渐减弱的锣声，新的更大的黑洞由微微颤动逐渐转为稳定状态。

我们还可以使用间接的方法观测引力波。宇宙微波背景辐射是来自于宇宙大爆炸的微弱"余晖"。大爆炸时的原初引力波会使宇宙的微波背景辐射呈现一种微弱的螺旋状偏振模式。在南极，射电天文学家团队用非常灵敏的探测器，可能观测到了这种作为原初引力波确切标记的微波辐射。诞生于引力自身新生力中的量子涨落，引力波急速地从宇宙微小的颗粒间穿过。这些波在暴涨期被加强和放大。在宇宙之初，宇宙大爆炸后的第 10^{-35} 秒（即，第 0.00000000000000000000000000000001 秒），刚产生的宇宙出现短暂的加速膨胀，物理学家把这个过程称为"暴涨"。暴涨期后宇宙稳定下来，进入缓慢膨胀期。当光开始自由地穿越宇宙时，原始引力波通过拉伸和压缩时空，能给已经"极化的"（光波的电场来回振荡在一个易磁化方向）余烬辐射留下一个轻微旋转模式的印记。当引力波引起时空涟漪效应时，它们作用于光，造成其发生卷曲。在我们星系中的尘埃也会导致同样的效果，因此，任何信号必须经过仔细检查，才能确认是否是宇宙大爆炸产生的原初引力波源。

尽管不是在黑洞视界范围内，但如果信号被证实的话，这也可能是对霍金辐射的首次发现。最初的时候，可观测的宇宙是那么微小，以至于它也有一个"视界"，像假设的黑洞一样发出辐射。在这种情况下，辐射以引力子的形式出现。那些量子化的引力子将逐渐成长为拉伸和挤压原始辐射汤的引力波。如果在宇宙大爆炸中确实发现了霍金辐射的鲜明特征，它也极有可能与黑洞发出的辐射高度相似。这也许为天文学和宇宙学开辟出一个全新的领域，这也正是多年之前雅各伯·贝肯斯坦和史蒂芬·霍金就已经在开始思考的未知地带。

人们已发现更多更接近证实引力波效应存在的证据。天文学家约瑟夫·泰勒和拉塞尔·赫尔斯发现了一对银河系中的脉冲双星，它们是距地球大约 21000 光年远的中子星，围绕着彼此快速运行，并且靠得越来越近。经过数年的观测和分析，他们发现，双星轨道的衰减速率为大约每年 3.5 米，正是双星以引力波的形式失去轨道能量的变化量。引力波带走的能量与广义相对论预测的结果出现惊人的吻合。

因为这项成就，约瑟夫·泰勒和拉塞尔·赫尔斯获得了 1993 年诺贝尔物理学奖。虽然这个双星系统发出的引力波目前太微弱，还不能被地面天文台记录下来，但大约距今 3 亿年后，当两颗星最终合并时，引力波涟漪将会变得无比强大。

宇宙中也有很多其他可检测的引力波源，包括经常发生的超新星爆炸、黑洞合并和中子星碰撞等。一旦相关天文台完全启动并运行，且灵敏度高到足以观测到来自几十亿光年深处的引力波时，科学家们就有望每天看到某种宇宙中正在发生的事件。甚至有人筹划把高端技术送上天空，以远离地面干扰，以记录到更多的引力波来源。

在验证引力波方面，虽然相对论天体物理学有近水楼台的优势,但科学家们不想单纯依靠这一种途径。还有一个聪明的办法,即基于已获得充分研究的天文学对象——脉冲星来研究,因为它是宇宙中最精致的钟表。通过密切监测一批快速转动中的脉冲星遍布宇宙的脉冲,天文学家们希望发现这些脉冲的细微变化,这种变化是引力波经过脉冲星和地面探测器之间时发生的。无论以何种方式检测,来自黑洞的引力波的发现,都将成为最终的、不可否认的证据,证明黑洞是真实存在的。这对于长期以来否认其存在的天文学家来说,会是一个历史性的时刻。

2013 年 12 月,一场罕见的极地寒流席卷了达拉斯,机场和道路出现了严重的结冰现象。这对于第 27 届得州相对论天体物理学研讨会暨成立 50 周年大会来说,是一场严峻的考验。自1963 年以来,该研讨会每两年举办一次,一直在世界各大城市,如慕尼黑、耶路撒冷、温哥华和墨尔本等轮流举办。而无论会议最终在哪里举行,名称中仍保留其中的"得州"字样,以纪念它的发祥地。

首届研讨会主要集中在类星体上,并引入一个新名词——"相对论天体物理学"。在接下来的 50 年里,研讨会拟定的讨论主题如野火般迅速燎原。现在的会议主题主要包括暴涨宇宙、引力波、暗物质、伽马射线暴[①]以及宇宙微波背景辐射等。半个世纪前,脉冲星尚未被发现,这样的主题根本无法想象。"我们不知道中子星会配备一个把手,还自带铃铛。"一位头脑机敏的科

---

① 又称伽马暴,是来自天空中某一方向的伽马射线强度在短时间内突然增强,随后又迅速减弱的现象。

学家俏皮地说。现在，我们的银河系中已有 2300 多颗脉冲星登记在册。

至于黑洞，人们听到这个词语时不会再感到吃惊了。事实上，2013 年的得州研讨会堪称这个主题的饕餮盛宴。与会人员报告了超大质量黑洞的起源、来自新生黑洞的伽马射线、黑洞合并、磁化黑洞、黑洞喷射流，以及这些坍缩天体探测方面的新进展等。在现在召开的天文学会议上，黑洞会像星系、星云或者恒星一样，被人们大大方方地讨论。

恒星级黑洞只是恒星一生中一个可能的终点（虽然较为罕见）。据估计，大约一千颗恒星中就有一颗因生命结束而隐藏在视界背后。仅在银河系，就有一亿个这样的黑洞存在。随着时钟的每一秒滴答声，就有一个新黑洞在宇宙某处诞生。超大质量黑洞气势恢宏，盘踞在大多数星系的中心，已成为星系构造中的标准配备。

约翰·惠勒曾说自己从未读过科幻小说。他说："我所需要的科幻小说，恰恰就在我们眼前。"他的话毋庸置疑。曾几何时，黑洞是人们头脑中的虚幻之物，现在却成为宇宙中最不可思议、不可或缺的居民之一。对这一天体的设想曾受尽不公正的对待，但现在人们已欣然接受它的存在了。黑洞研究正在拉开新的大幕，更为精彩动人的情节即将上演。

黑洞大事记

1687 年

艾萨克·牛顿爵士在《自然哲学的数学原理》中发表了革命性的万有引力定律。

1758 年

埃德蒙·哈雷预测的于 1758 年会再次出现的彗星如期而至，这是万有引力定律的一大胜利。

1783 年

英国科学家约翰·米歇尔提出了牛顿版的黑洞存在说。根据他的计算，当恒星的质量大到一定程度时，其巨大的引力使得光也无法从中逃逸，因而，它是不可见的。

1796 年

法国数学家皮埃尔·西蒙·德·拉普拉斯也独立得出了与米歇尔类似的推论。他认为天空中有暗星或隐星存在。

1862 年

美国马萨诸塞州的阿尔文·格雷厄姆·克拉克发现，夜晚天空中最亮的恒星天狼星有一颗昏暗的伴星。但让天文学家困惑的是，这颗光度极弱的星体却有着和太阳相当的质量。

1905 年

阿尔伯特·爱因斯坦发表了狭义相对论，摒弃了牛顿绝对空间和绝对时间的观念。

1907 年

数学家赫尔曼·闵可夫斯基指出，爱因斯坦的狭义相对论已将时间变成了第四维度，把时间和空间合并成了一个单一的绝对实体——时空。

1915 年

阿尔伯特·爱因斯坦发表了广义相对论，成功地把相对论扩展到其他类型的运动，特别是强引力场中的运动。引力现在被看成是质量对弹性时空的影响，物体沿着时空中的凹陷运动。

1916 年

德国天文学家卡尔·史瓦西发表了第一个广义相对论方程的完全解。这个结果导致了史瓦西球体的出现，物质在球体中心被压缩为一个点。在球体的表面，时间和空间似乎停滞了。这是我们今天称之为黑洞的物体的一个版本。这个版本的黑洞不带电荷，也不旋转。一些人认为它是使用了坐标系后才出现的人造物，有些人则坚信恒星永远不会被压缩到这样一种状态。

爱沙尼亚的厄恩斯特·欧皮克和稍后的英国科学家亚瑟·爱丁顿计算出，天狼星的伴星仅比地球大一点点，尽管其质量达到约一个太阳。这说明了它光度微弱的原因。这样的恒星后来被称作"白矮星"。

1916 年

前往西非和巴西的英国日全食观测队证实，星光在经过太阳附近时，其路径确实变弯了。根据广义相对论，这是星光沿着太阳在时空中造成的凹陷运动的结果。广义相对论取得了胜利。

1926 年

英国理论物理学家拉尔夫·福勒运用新建立的量子力学理论，解释了太阳质量大小的恒星在坍缩到地球大小时，是如何稳定在白矮星状态的。

1930 年

在一次从印度到英国的海上航行中，苏布拉马尼扬·钱德拉塞卡发现了白矮星的最大质量极限。他不清楚，如果超过这个极限，白矮星将会如何演变。

1931 年

苏联理论物理学家列夫·朗道计算出，一颗质量足够大的恒星会坍缩为一个点。但他认为，这样的结果是"荒谬的"。他猜测，恒星内部会形成"一个巨大的中子核"。

1932 年

英国物理学家詹姆斯·查德威克发现了中子。

贝尔电话实验室的卡尔·詹斯基发现了来自银河系中心的无线电波。射电天文学由此开启。

1933 年

在美国物理学会的一次会议上，弗里茨·兹威基和沃尔特·巴德提出，新星、超新星爆发会将普通恒星变成体积很小的中子星。天文学家认为这一猜想太过离谱。

1935 年

在英国皇家天文学会的一次会议上，钱德拉展示了他的研究成果：当白矮星的质量超过极限后，会突然坍缩。对此，亚瑟·爱丁顿发表了他那声名狼藉的评判。

1939 年

罗伯特·奥本海默与乔治·沃尔科夫是最早对中子星的物理属性展开研究的科学家。他们发现，与白矮星一样，中子星也有最大质量极限。

奥本海默与哈特兰·斯奈德发表了第一篇对黑洞进行现代描述的论文。他们称之为"持续的引力收缩"。之后，奥本海默放弃了这方面的研究。物理学界对广义相对论的兴趣骤降。

爱因斯坦发表了他一生中"最糟糕的科学论文"，试图证明恒星永远不会完全坍缩为一个点（或奇点）。

1948 年

美国金融家罗杰·巴布森成立了重力研究基金，以唤起人们对引力研究的兴趣（以便有一天可以开发出反重力装置）。他的资助也的确再一次激发了人们对广义相对论的兴趣。

1952 ~ 1953 年

普林斯顿大学的物理学家约翰·阿奇博尔德·惠勒，成为该大学物理系教授相对论课程的首位教授。奥本海默和斯奈德此前提出过"恒星会持续坍缩为奇点"，而惠勒希望找到阻止奇点形成的理论依据。

1955 年

爱因斯坦在普林斯顿的同事们都把自己当作一个"老傻瓜"的想法中离世，而他最伟大的成就——广义相对论，在物理学研究中不受重视。

1957 年

北卡罗来纳大学新成立的引力研究所在教堂山分校召开了一次会议，探讨引力在物理学中的地位。该会议现在被视作引力研究重生的"里程碑"。在一次国际会议上，约翰·惠勒和他的两个学生试图证明向心聚爆的恒星是如何自救，从而避免坍缩为奇点的，坐在观众席中的奥本海默彬彬有礼地表达了相反意见。

1958 年

大卫·芬克尔斯坦为广义相对论发展了一种新的参考系，使人们更容易理解黑洞的物理特性。它让物理学家能够视觉化地想象，坍缩的恒星对遥远的我们来说看起来像是"冻结星"，但从黑洞的角度来看，仍然在持续地向心聚爆。马丁·克鲁斯卡尔更早得出了类似的结果，但直到 1960 年才发表出来。

1958 ~ 1960 年

在普林斯顿高级研究所的一次学术报告会上，罗伯特·迪克开玩笑似的把完全坍缩恒星比作"加尔各答黑洞"，因为其引力如此之大，任何物质都无法逃逸。物理学家丘鸿毅当时在观众席上。

1962 年

利用大卫·芬克尔斯坦和马丁·克鲁斯卡尔开发的新的数学工具，普林斯顿大学的本科生大卫·贝克多夫与其导师查尔斯·米舍内尔共同研究，对黑洞视界外的空间进行了更详细的描述。这是首次将黑洞视为真实存在的物体进行的描述。

一枚火箭搭载的 X 射线探测器探测到了第一个宇宙 X 射线源——天蝎座 X-1，这标志着 X 射线天文学的诞生。

后来，天蝎座 X-1 被发现是一个双星系统中的中子星。

20 世纪 60 年代早期

加州利弗莫尔国家实验室进行的计算机模拟实验表明，质量足够大的恒星在其生命的末期会坍缩为黑洞。苏联科学家也得出了类似的结果。

计算机模拟实验的结果及贝克多夫的研究说服了惠勒，使他完全改变了自己的观点，转而支持黑洞学说。苏联科学家极少会怀疑黑洞的存在。

1963 年

科学家发现，射电星"3C 273"是一个遥远星系的高光度星核，距地球大约 20 亿光年远。这样的天体很快被命名为"类星系"。

罗伊·克尔为旋转中的恒星的引力场建立了完整的模型，成功破解了这个广义相对论几十年未解的老难题。

首届得州相对论天体物理学研讨会在达拉斯市举行，试图弄清楚类星体使人震惊的巨大能量的来源。这次会议是把广义相对论和天体物理学联系在一起的第一个引人注目的尝试。

1964 年

"黑洞"这一词语首见于出版物是于 1964 年 1 月 18 日出版的《物理评论快报》。据该报报道，在美国科学促进会年会的一场关于简并星的天文学分会上，有人在报告中使用了这个词。会议的主持人丘鸿毅确实提到"星际空间里布满了'黑洞'"，他从罗伯特·迪克那里借用了这个词。

苏联物理学家雅科夫·泽尔多维奇和伊戈尔·诺维科夫认为，超大质量恒星坍缩时，会将附近的尘埃和气体吸引过来，在周围集聚为吸积盘，同时释放出巨大的能量。

康奈尔大学物理学家埃德温·萨尔皮特也独自提出过类似的看法。这样就可以解释为何类星体长期而持续地拥有的巨大的能量来源。

1965 年

英国物理学家罗杰·彭罗斯从理论上证明，引力坍缩会不可避免地导致黑洞内部形成奇点。

1967 年

约翰·惠勒在美国科学促进会年会上所作的主题发言中使用了"黑洞"这个词，来描述引力坍缩体。依据他的发言写成的论文于1968 年发表后，科学界开始把这个词语作为该物体的正式名称。

英国天文学家乔丝琳·贝尔发现了脉冲星，之后这颗脉冲星被确认为旋转的中子星。这一发现使许多人相信，黑洞也可能真实存在。

1969 年

罗杰·彭罗斯展示了在黑洞的快速旋转中可以释放出多么巨大的能量。

1971 年

基于 X 射线探测卫星乌呼鲁获取的数据，一个非典型射电源——天鹅座 X-1，被暂定为黑洞，这是宇宙中发现的第一个黑洞。

1973 年

雅各伯·贝肯斯坦发表论文称，黑洞视界的面积确实是可以直接测量的黑洞熵值。

1974 年

史蒂芬·霍金试图证明贝肯斯坦的结论是错误的，但他却证明了黑洞会发出辐射（"霍金辐射"），并因辐射而随着时间逐渐蒸发。他的发现是广义相对论和量子力学的历史性连接。

基普·索恩和史蒂芬·霍金就天鹅座 X-1 是否真的是黑洞打了一次赌。索恩赌它是黑洞，而霍金赌它不是。

1977 年

罗杰·布兰德福德和罗曼·兹纳耶克发展了他们快速旋转中的黑洞释放能量的模型。

1990 年

霍金向基普认输，承认天鹅座 X-1 是黑洞。

1999 年

美国有两座激光干涉引力波天文台建成，其中一座位于华盛顿州，另一座位于路易斯安那州。2001 年天文台开始运作，2015 年对设备进行了全新升级，采用更先进的探测器。引力波信号会为黑洞的存在提供第一手直接的证据。

2013 年

第 50 届得州相对论天体物理学研讨会在达拉斯举行，庆祝其成立 50 周年。

黑洞概念现在已经被人们完全接受了。关于黑洞的话题有黑洞的合并、黑洞的磁化作用、能量的产生以及黑洞诞生时发出的伽马射线暴等。

2016 年

LIGO（激光干涉引力波天文台）科学合作组织的专家向全世界宣布，人类首次直接探测到了引力波。这次探测到的引力波是双黑洞合并时发出的。这项成果成为黑洞存在的无可置疑的明证，同时也证实了恒星级双黑洞系统的存在。

黑洞研究的全景图

译后记

　　《小星星》（*Twinkle，Twinkle，Little Star*）是一首脍炙人口的儿歌，其曲来自莫扎特，其词来自珍·泰勒于 1806 年创作的一首诗。这首歌之所以两百年来传唱不衰，也许不仅在于描述了人类在仰望富有诗意的美丽星空时心灵感受到的强烈震撼，还在于表达了人类想要探索宇宙奥秘的强烈渴望。

　　在古希腊神话中，有一个讲述代达罗斯和他的儿子伊卡洛斯用蜡把羽毛黏成翅膀飞向天空的故事。伊卡洛斯因为飞得太高，强烈的阳光融化了蜡而使翅膀松散，不幸坠入大海身亡。在中国古代，也有嫦娥奔月、女娲补天、夸父逐日等神话传说，反映了中华民族早期对宇宙未知世界的好奇、憧憬与向往，更有像张衡、万户这样的"冒险家"制作木鸟、大风筝或"火箭"等飞行器，进行了飞离地面、飞向天空的勇敢尝试。如今，随着现代科技的高度发展，不仅各种卫星、飞船、国际空间站、载人登月计划等梦想都已实现，而且人类在白矮星、中子星、类星体、暗物质、暗能量、恒星内部结构、微波背景辐射、宇宙创生、伽马射线暴、引力波、黑洞等诸多方面的研究都有重大进展。

千百年来，人类孜孜以求，试图揭开宇宙的神秘面纱，并已取得了巨大成果，这都要归因于人类所拥有的夸父逐日般始终如一的坚强信念和探索精神。这一点，我们从麻省理工学院教授、科普作家玛西亚·芭楚莎所写的《黑洞简史》中可窥见一斑。

《黑洞简史》以丰富的史料向我们展现了一幅黑洞研究历程的全景图，为我们提供了在黑洞研究方面颇有贡献的一百多位著名科学家"群英会"式的图谱，以白描手法勾勒出这些科学家除科学成就外不易为人所知的精神世界：苦与乐、悲与喜、痴与妄，以及面临挑战与机遇时的进与退、传承与创新。其中艾萨克·牛顿爵士、阿尔伯特·爱因斯坦、约翰·惠勒和史蒂芬·霍金，令我们印象尤为深刻。

牛顿虽然没有直接参与黑洞研究，但他的万有引力理论被英国的约翰·米歇尔、法国数学家西蒙·拉普拉斯等人用于对黑洞的早期研究，被称为牛顿版的黑洞学说。不管"牛顿与苹果"的故事是否属实，我们乐于相信牛顿在二十几岁时就已开始了对引力的思考。因为牛顿早期的计算还不够准确，所以，他"一时被其间的纷繁复杂给困住了"，内心几经犹豫、挣扎之后，终于把这个问题搁置在一边。在埃德蒙·哈雷的支持下，牛顿凭着"兴趣所驱使的忘我与沉迷"带来的超凡力量，终于在 1687 年 44 岁时，完成了著名的《自然哲学的数学原理》一书的写作，发表了革命性的万有引力定律。这一次，他依靠的是更准确的观测数据。正如牛顿在书中所述："我确实未能从自然现象中推断出引力的本质，但也不想做任何虚妄的假设。"这可以说是他秉承实证主义研究精神的真实写照。

　　牛顿挑战了亚里士多德，实现了物理学上一次巨大的飞跃，而爱因斯坦则挑战了牛顿。1905 年，名不见经传的爱因斯坦发表了那篇著名的后来被称为狭义相对论的论文，摒弃了牛顿的绝对空间和绝对时间的观念，开创了物理学的新纪元。

　　爱因斯坦在挑战权威的同时，也在挑战自我。数学家赫尔曼·闵可夫斯基是爱因斯坦在联邦工业大学时的老师，当爱因斯坦了解到闵可夫斯基对狭义相对论的数学看法及其创造的四维模型之后，宣布抽象的数学模型是"平庸且多余的学问"。但他很快改变了主意，并在后来承认，如果没有闵可夫斯基早期的贡献，"广义相对论可能会僵在极其幼稚的状态"。1915 年 11 月 25 日，爱因斯坦在普鲁士科学院作报告，用几何语言描述了他的新引力理论，这标志着广义相对论的诞生。爱因斯坦的相对论犹如灯塔，照亮了人们向着现代黑洞概念进发的航行之路。

　　1916 年，德国天文学家卡尔·史瓦西发表了第一个广义相对论方程组的完全解，其结果导致了"史瓦西球体"的出现，这标志着无电荷、不旋转的爱因斯坦早期黑洞版本的诞生。大多数人认为，史瓦西所描述的一些黑洞特征（光和物质进入"视界"后永远不会回来；其中心是密度无限大、时空曲率无限高、体积无限小的奇点）颇令人费解而不能接受，甚至像约翰·惠勒这样的大科学家也怀疑黑洞的真实存在，并且试图从理论上阻止宇宙中奇点的形成。

　　惠勒鼓励自己的学生在科学研究上勇敢无畏，而他自己就是很好的践行者。在 20 世纪 50 年代或更早时，广义相对论还未引起足够重视，而惠勒独自研究广义相对论，并且几乎是单枪匹马地将几十年来备受冷落的广义相对论应用到了宇宙学研究上。从 60 年代初开始，相对论又重新焕发了勃勃生机。在引力坍缩问题上，惠勒深思熟虑，归纳出各种各样避免恒星坍缩的可能，并一一进行验证。惠勒最终还是改变了自己对完全坍缩恒星的奇点问题所持的否定态度，成为黑洞学说的最大拥趸。60 年代末，惠勒在纽约召开的一次会议上使用了"黑洞"一词，从此这个极为吸引人的词汇就快速传播开来。

霍金被认为是有史以来最杰出的科学家之一。人们很难想象，被肌萎缩性侧索硬化症禁锢在轮椅上的霍金是如何成就他对科学的伟大贡献的。但他与疾病作斗争的顽强意志，不因疾病而怨天尤人的乐观态度，以及对科学的献身精神，都让我们从心底里由衷地产生敬意。基普·索恩和霍金就天鹅座 X-1 是否真的是黑洞打了一次赌，这也让我们看到了这位科学家在严肃的科学生活之余的真性情。

霍金的黑洞说开启了人们对黑洞的全新思考。在视界上，宏观的广义相对论与微观的量子力学之间出现了分歧。正如作者在本书中所述的："（时空）在大尺度上看时，它是可见的，而在最小尺度上，它是不可想象的。"人们期待着，沿着黑洞这一线索，可以将自然之力纳入一个统一的理论框架之下，即实现量子力学和广义相对论的统一这一物理学上的终级目标。

正如《小星星》中所唱的"我多想知道你是什么"，迄今为止，宇宙仍有很多未解之谜等待着人类去破解。但是，是不是当物理学上的"大一统理论"终于建立起来时，所有宇宙问题都可以迎刃而解了呢？答案仍然未知。但我们深信，人类既已在知识的通天塔上不断地向上攀登，那么，我们距离真理就应该愈来愈近了。

杨泓　孙红贵

2016 年 3 月 25 日　嘉兴木樨园

玛西亚·芭楚莎访谈录

麻省理工学院新闻办公室记者彼得·迪孜克

对玛西亚·芭楚莎教授的采访

麻省理工学院教授著书讲述黑洞相关科学研究的曲折历程

2015 年 4 月 28 日

今年是爱因斯坦广义相对论诞生一百周年。广义相对论引领了人类对黑洞的发现——黑洞,一种神秘的、能够使时空弯曲的恒星坍缩后形成的天体。麻省理工学院教授玛西亚·芭楚莎的新书《黑洞简史》由耶鲁大学出版社出版,详述了人类发现黑洞的历史。在芭楚莎看来,黑洞概念不仅源于广义相对论,对黑洞的研究更让广义相对论在物理学领域内得以重生。以下是麻省理工学院新闻办公室记者对芭楚莎教授做的关于其新书《黑洞简史》的访谈记录。

彼得·迪孜克（以下简称彼得）：虽然黑洞是 20 世纪的科学发现，但其前身可惊人地追溯至 18 世纪。对那些早期的关于黑洞的猜想，我们应如何看待？

玛西亚·芭楚莎（以下简称玛西亚）：我想许多人都不太了解一位名叫约翰·米歇尔（1724～1793）的剑桥学者，也并没有意识到他的伟大。米歇尔后来成为一名英格兰圣公会牧师，但依然继续他的科学研究。他被人们誉为"地震学之父"，因为他发现了 1755 年葡萄牙里斯本大地震的震中，事实上他是史上首个准确定位地震震中的人。他对天文学也一样痴迷。他将牛顿的万有引力理论运用到极致，想象出一种质量大到连光都无法逃逸其引力的恒星。

然而，约翰·米歇尔没有想到时空的卷曲。他构想了一种质量超大的天体，密度与太阳近似，但体积比太阳大许多，放置于太阳系中心的话会将火星轨道也占据。他认为在这种体积和密度下，恒星的巨大引力使自身发出的光子也无法逃离，恒星就会是宇宙中不可见的暗黑的点。但他相当聪明地提出，如果这种天体与另一颗恒星构成双星系统，你就能够通过引力牵引现象发现它的存在。而引力牵引，正是我们今天找寻黑洞的理论依据。但米歇尔时代还没有正确的恒星物理学理论，也没有正确地理解光的性质。

彼得：到了 20 世纪 30 年代，有人提出更复杂的黑洞版本，但直到 20 世纪 60 年代，相关的概念才逐渐被接受。在这期间发生了什么？

玛西亚：设想你是 19 世纪末 20 世纪初接受传统天文学教育的人，

233

那时的人们认为恒星是永恒的，根本想都没想过恒星会有爆炸与终结的一天。这时，一位来自印度的研究生，名为苏布拉马尼扬·钱德拉塞卡，声称恒星存在质量极限，如果恒星质量超出这一极限，就会发生坍塌。在当时，要接受这一概念可得跨越不小的心理障碍。

但是后来，科学家发现了中子，于是有了关于中子星的猜想。在20世纪30年代，J.罗伯特·奥本海默与他的研究生学生提出，中子星也有质量极限，质量超过这一极限的中子星将不可避免地发生坍塌，并形成一个连光都无法逃逸的点……这是对现代意义上的黑洞的首次描述。但奥本海默发布这篇论文的时机非常糟糕，论文发布的当天正是希特勒进攻波兰的日子，当时许多物理学家都在为第二次世界大战的实际军事需求服务，因而这篇论文并没有获得应有的关注。

20世纪40年代末到50年代，正是粒子物理学的蓬勃发展期，物理学家在宇宙射线实验和加速器中发现了几乎所有的粒子，但没人知道该如何对这些粒子进行分类。后来，约翰·惠勒（1911～2008）觉察到，回顾广义相对论定会有所收获。在他看来，超大质量恒星坍缩为点的奇怪现象预示着会有新的物理学诞生。

终于，约翰·惠勒解开了广义相对论的桎梏，使它从纯粹的理论转入实际的应用，并极大地加速了它的发展。我想，广义相对论的复兴在很大程度上要归功于黑洞，正是这种神秘的天体让广义相对论步入了始于上世纪60年代、至今仍在延续的黄金时期。

彼得：为何黑洞有如此大的魅力，广受人们的关注？

玛西亚：黑洞本身就是一部终极恐怖片。喜欢被惊吓是人类的共性，对吧？这也是恐怖片如此受欢迎的原因所在。想想看，宇宙深处潜伏着这些让物理学定律失效、时空发生扭曲的怪物，但你还能安然地坐在自己的扶手椅上，是不是相当刺激？这跟隔着屏幕看恐怖片是一样的道理。当然，黑洞广受关注还有其他许多因素。总之，用另外一个例子说明：这就跟冒着被吃掉的危险探索恐龙世界差不多，只不过场景换到了宇宙。

单是想象自己掉进黑洞会发生什么就十分有趣。如果一个人真的掉进黑洞，他的躯体会像面条一样被拉长，而后他的存在会被完全抹杀。但黑洞会不会像一些理论学家所说的那样，是通向平行宇宙的门户？另外，黑洞吸引人的地方还在于其周围被扭曲的时间与空间。在趋近一个黑洞的过程中，你会觉得时间趋于停止。当你抵达黑洞的视界，你将在自身小小的时空气泡中，看着整个宇宙演化的情景从你眼前飞速掠过。

资料来源：*http://news.mit.edu*

麻省理工学院（Massachusetts Institute of Technology）简称麻省理工（MIT），是世界著名的研究型大学，被誉为"世界理工大学之最"。

彼得·迪孜克（Peter Dizikes）是麻省理工学院新闻办公室的特约撰稿人和记者，同时也供职于《科技评论》，其作品见于《纽约时报》（*New York Times*）、《波士顿环球》（*The Boston Globe*）等多个出版物。

海派阅读 GRAND CHINA × READING YOUR LIFE

人与知识的美好链接

20 年来，中资海派陪伴数百万读者在阅读中收获更好的事业、更多的财富、更美满的生活和更和谐的人际关系，拓展读者的视界，见证读者的成长和进步。

现在，我们可以通过电子书（微信读书、掌阅、今日头条、得到、当当云阅读、Kindle等平台），有声书（喜马拉雅等平台），视频解读和线上线下读书会等更多方式，满足不同场景的读者体验。

✿ 微信搜一搜

🔍 海派阅读

✿ 微信扫一扫

🔍 中资书院

关注微信公众号"海派阅读"，随时了解更多更全的图书及活动资讯，获取更多优惠惊喜。你还可以将阅读需求和建议告诉我们，认识更多志同道合的书友。让派酱陪伴读者们一起成长。

也可以通过以下方式与我们取得联系：

📱 采购热线：18926056206 / 18926056062　　📞 服务热线：0755-25970306

✉ 投稿请至：szmiss@126.com　　👁 新浪微博：中资海派图书

更 多 精 彩 请 访 问 中 资 海 派 官 网　　(www.hpbook.com.cn ⟩)